U0022417

世紀 文庫
科普 005

當數學遇見文化

洪萬生　英家銘　蘇意雯
蘇惠玉　楊瓊茹　劉柏宏　著

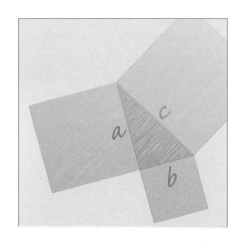

自　序

　　本書各篇文章都曾刊載於《科學月刊》「在文化裡遇見數學」專欄。當初，我籌畫此一專欄時，很自然地聯想到已故的數學史家克萊恩 (Morris Kline, 1908–1992)。1985 年以前，我的科普數學的書寫方式，就常以他的著述為範本。我相信他的數學文化史取向，對於許多數學家或數學教師仍具吸引力。

　　克萊恩早期出版了相當博雅的《西方文化中的數學》(Mathematics in Western Culture)。該書給我最深刻的印象，莫過於克萊恩分別利用維納斯與奧古斯都大帝的大理石塑像，來比喻柏拉圖與亞里斯多德的數理哲學觀點。至於畢卡索立體主義名畫「三個樂師」，則被克萊恩用以說明數學與繪畫藝術的密切關聯。此外，克萊恩還列舉了西方數學史的例證，強調數學與人文社會的互動關係。

　　本書企圖師法克萊恩的書寫方式，採用了歷史敘述的手法，以時間軸貫穿數學與數學家的故事，前後呼應，全書因而有了整體的結構。我們特別擷取幾篇具有代表

性的專欄文章，希望藉此呈現數學 vs. 文化的所有面向。
然而，內文除了觸及歷史文化脈絡與數學知識活動的相
互影響之外，也希望提供一些至今仍具有意義的數學知
識。歷史文化的脈絡意義，誠然一直在更新或改變，但
數學知識卻歷久彌新，譬如「畢氏定理」的內容，甚至
它的古典證明，也具有永恆不朽的學習價值。透過一些
具體實例的呈現，我們希望可以更加「貼近」數學知識
成長的歷史意義，從而凝聚出一致的科普數學書寫
(popular mathematics writing) 的主張。

　　本書呈現給讀者的內容涵蓋了數學文明與數學文化
交流，其範圍包含有埃及、希臘、阿拉伯，甚至是中國、
韓國與日本，時間軸線大約從西元前 18 世紀到 20 世紀。

　　各篇文章都有清晰的主題。譬如說吧，〈古埃及文化
中的數學〉介紹兩千多年前保存至今的紙莎草數學。〈劉
徽的墓碑怎麼刻?〉指出劉徽注《九章算術》對於後世數
學的影響。〈可蘭經裡的遺產〉說明回教徒如何將代數應
用在遺產分配上。至於〈數學與宗教〉一文，我們則提
及《射鵰英雄傳》中的全真教士對於數學甚至也有濃厚
的研究興趣。還有，在〈探索日本寺廟的繪馬數學〉中，
我們發現日本寺廟祈福的繪馬，竟然在江戶時代是被用
來發表數學研究成果。這些文章不僅點綴了數學知識的
演化圖像，也幫助讀者欣賞數學文化的多元面貌。

　　本書內容不僅有歷史、文化、數學知識的演進，同時也包括超越時間、空間的正確可靠知識，因此，本書既可歸屬於數學史敘事，也積極呼應了科普數學的書寫需求。謹為序。

洪萬生

當數學遇見文化

contents

遇見文化　目次

古埃及文化中的數學

英家銘

一、前言

　　古埃及文明一直給人神秘的感覺，但從 19 世紀中葉開始，隨著古埃及象形文字的破譯與不斷出土的考古證據，讓我們看見這個文明越來越清晰的圖像。

　　古埃及人使用一種類似紙的「紙莎草紙」（papyrus）來書寫，由埃及當地的一種蘆葦所製成。由於紙莎草的耐久度略高於竹簡或紙，所以，埃及文明比起中國留下了更多千年以上的古代文本。這些文本中也包含了一些十分有趣而獨特的數學。

　　古埃及數學文本的來源有 6 份文件，其中最重要的是《亞美斯紙莎草文書》，在西元前 16 世紀寫成，以它的作者亞美斯（Ahmes）書記命名，內容有兩個常用計算列表與 87 個附有解答的問題。其次是《莫斯科紙莎草文書》，在西元前 17 至 18 世紀寫成，因其被收藏於莫斯科

圖 1
《亞美斯紙莎草文書》之一
小部分 (©wikipedia)

美術館而得名，其中有 25 個附有解答的問題。另外還有
1 份《數學皮卷》(*Mathematical Leather Roll*)，成於西元
前 17 世紀，上面是 26 個「單位分數」(unit fraction) 的
等式。其餘 3 份文本則包含少量的數學問題。本文將根
據這些數學文本所提供的題材，介紹部分古埃及數學獨
特的部分以及它們與古埃及文化的關係。

二、古埃及算術中的乘除法

古埃及算數中，有一個非常獨特的系統，就是基於
加倍與折半運算的乘除法。這種系統進行乘除法運算時，
所需的先備知識只有加法與兩倍乘法表。很明顯地，兩

倍乘法表也只需要加法即可製出。所以他們幾乎只需要用加法就可以進行乘除法。為什麼呢？我們可以先看一個例子：17 乘以 13。計算過程如下：

$$\begin{array}{rr}
\rightarrow 1 & 17 \\
2 & 34 \\
\rightarrow 4 & 68 \\
\rightarrow 8 & 136 \\
1 + 4 + 8 = 13 & 17 + 68 + 136 = 221
\end{array}$$

表 1
17 乘以 13 的等式列表

在此例中，書記先決定兩數其中之一為被乘數，假定他選擇 17。接著他會不斷將 17 加倍，並把倍數寫在左側，一直到左方出現了 8 倍才停下來，因為下一個倍數 16 就會超過乘數 13。由於 1 + 4 + 8 = 13，所以 17 的 1 倍加 4 倍加 8 倍，也就是 221，即為所求。這樣的方法之所以適用於所有整數間的乘法，是由於下面的規則：「任何整數都可表為 2 的乘冪之和」。比如 $13 = 2^0 + 2^2 + 2^3$；$25 = 2^0 + 2^3 + 2^4$。敏銳的讀者，一定可以看出，這個規則就是現代電腦所遵循的二進位原理。我們沒有明確證據指出古埃及人知道這個規則，但是，從他們讓所有乘法都遵循這個規則來看，他們很可能是知道的。

古埃及的除法運算與乘法過程類似，我們再來看一個例子，184 除以 8。

1	8 ←
2	16 ←
4	32 ←
8	64
16	128 ←

1 + 2 + 4 + 16 = 23　　8 + 16 + 32 + 128 = 184

表 2
184 除以 8 的等式列表

書記的作法也是不斷地把除數 8 加倍，他算到 16 倍停止，因為 128 再加倍就會超過被除數 184。接著書記要心算，看出右方 8 + 16 + 32 + 128 等於被除數 184，所以將對應左方的倍數 1、2、4、16 加起來即得答案 23。

如果右方的數字組合無法得到被除數，也就是無法整除，此時就必須引入分數，而且採取「折半」的策略來計算。古埃及人對分數的認知與現代人截然不同，下面讓我們介紹古埃及的「單位分數」。

三、單位分數的應用與古埃及文化

古埃及數學最獨特的部分，應該是「單位分數」的系統，因為這種系統完全不見於其他文明的數學傳統中。

單位分數，從現代分數表示法的觀點來看，是指分子為 1 的分數。古埃及書寫這種分數的方法，是將某個整數符號的上方加上一個橢圓形的記號，來代表這個整數的倒數。因此，下文中我們用 $\overline{2}$ 代表 1 / 2，$\overline{3}$ 代表 1 / 3，以此類推。除了有代表 2 / 3 的特殊符號之外（我們用 $\overline{\overline{3}}$ 代表它），所有的古埃及分數都是某個整數的倒數，似乎在他們的想法中，所有小於 1 的（正）數，只能是某個整數的倒數或是某些整數倒數的和，比如我們現在所說的 8 / 15，他們會寫成 $\overline{3} + \overline{5}$。請各位讀者注意，我們如此形容古埃及人心中的分數，並非假設他們瞭解「倒數」或是現代分數表示法，而是純粹戴著現代數學的「眼鏡」，去形容他們心中分數的可能圖像。

在《亞美斯紙莎草文書》中，第一部分就是俗稱 "2 / n" 的列表，包含將 2 除以 n 所得的結果，其中 n 為 3 至 101 的奇數。接下來，書記還列出了數字 1 至 9 除以 10 的結果列表，這兩個表中的數值當然都是以一個或數個單位分數之和來表示。筆者 10 年前初次接觸埃及數學時，直覺地認為用單位分數表示全部有理數並無太大困難，因為只要將 n / m 表為 n 個 $\overline{m}$ 相加即可。但研讀過古埃及數學的專書之後，我發現古埃及人為了不明的原因，是禁止將計算的結果表示成相同單位分數之和的。所以 2 除以 n 不能表示成 n + n。在 "2 / n" 列表中的結

果，有比較簡單的等式，例如 $2 \div 5 = \overline{3} + \overline{15}$，也有複雜如 $2 \div 97 = \overline{56} + \overline{679} + \overline{776}$ 的等式。任何一個有理數表成單位分數的方式可能是不唯一的，比如 $2 \div 17 = \overline{12} + \overline{51} + \overline{68} = \overline{9} + \overline{153}$，而埃及人如何在不同的表示法中選擇，數學史家間仍有歧見。無論如何，能製作出這樣一張表，顯示出古埃及數學從業人員高度的計算能力。

前面提到的《數學皮卷》，其實就是一張表，包含了 26 個單位分數等式，例如 $\overline{10} + \overline{40} = \overline{8}$ 或 $\overline{5} + \overline{20} = \overline{4}$ 等。從這一張單位分數等式列表，以及《亞美斯紙莎草文書》中兩個除法列表的存在，我們可推知，他們當時的計算需要常常參考這些單位分數的公式。

當古埃及人進行除法運算且無法整除時，折半的策略就會出現。現在我們舉一個例子，它是《亞美斯紙莎草文書》第二十四題的一部分，需要將 19 除以 8。

1	8
→ 2	16
$\overline{2}$	4
→ $\overline{4}$	2
→ $\overline{8}$	1
$19 \div 8 = 2 + \overline{4} + \overline{8}$	$16 + 2 + 1 = 19$

表 3
19 除以 8 的等式列表

此題中書記先將 8 加倍至 16，但發現繼續加倍下去無法找到答案，於是他就將 8 不斷折半，直到右方部分數字之和能達到 19 為止。

古埃及人對分數的重視其來有自，原因是古埃及的社會不使用貨幣。他們所有的交易都是以物易物，所以，對分數的精確計算能力確有其必要，特別在食物與土地的分配，以及在混合不同穀物以製作麵包與啤酒的過程中。下面我們舉一個例子來看單位分數的使用。

《亞美斯紙莎草文書》的前六個問題，就是實際的食物分配問題，計算如何將 n 條麵包分配給 10 個人，其中 n 分別為 1、2、6、7、8、9。我們以第三題為例。題目是：將 6 條麵包分給 10 個人。在現今我們馬上知道 1 個人可得 3/5 條，所以我們要怎麼分配?我們或許會將 6 條麵包各切下 3/5 條分給 6 個人，另外取 2 份 2/5 條的麵包，將它們切成一半，於是我們有 4 份 1/5 條與 4 份 2/5 條的麵包，剛好可均分給其餘 4 人。前面 6 個人只拿到 1 份，而後面 4 個人雖拿 2 份，但是因為切割的次數較多，或許會有損失，雙方可能都有理由不滿。古埃及人的方法避免了這種感覺上的落差。這一題書記並未寫出計算過程，大概是因為在同一份文書中，已經有 1 至 9 除以 10 的結果列表，最後的結果是每人分配到 $\overline{2} + \overline{10}$ 條麵包。據此，分配可以這樣進行：

先將 6 條麵包都切成一半，得到 12 份半條的麵包，分給每人半條，還剩 2 份半條的麵包，接著將這 2 份再各切成 5 份，得到 10 份 1 / 10 條的麵包，均分給 10 個人。於是，每個人拿到麵包的質與量都完全相同，都是 1 份半條與 1 份 1 / 10 條。公平的分配不但能做到，還能「被看到」! 也許有讀者會懷疑，真的有必要為了表面上的公平大費周章嗎?其實我們不能僅用我們觀念中的「公平」來看待他們，因為不同的社會觀念中的所謂「公平」可能是不同的，即使在現代亦是如此。比如大學入學制度。我想所有人都同意應該用「公平」的方法決定誰能接受高等教育。然而，有的社會覺得應該由大學教授審查高中生的在校表現與社區服務來決定，也有的社會認為需要以統一筆試的分數來決定，孰為公平? 見仁見智。

牽涉到分數的四則運算，在古埃及單位分數表示法的限制之下，除了使用加倍與折半的方法之外，還需參考上述三份等式列表，以及一些特殊技巧才能完成。在此不詳細說明。下面我們看與金字塔有關的數學。

四、古埃及文明的頂峰：金字塔與古埃及幾何

一般認為，古埃及文明的「巔峰代表作」，就是金字塔的建造。古埃及人依照天空星座決定金字塔的方位與

相對位置，所以他們等於是「將天堂建造於地面」。金字塔是古埃及國王的陵墓，全數位於尼羅河西岸，因為西方是前往來世的方向。既然金字塔作為王陵，而且也代表古埃及人的來世信仰，所以建造必然馬虎不得。從金字塔的存在，我們可以獲知古埃及人在天文、工程與數學方面的能力，而與金字塔有關的數學知識，也許是古埃及數學中最重要的成就之一。我們先幫讀者複習一些立體幾何的知識。我們所說的金字塔，其實是一個如圖 2 的「四角錐」，底面 *ABCD* 為一個正方形，四個側面都是三角形，從四個三角形共同的頂點 *V* 往底面做垂直線，就是這個四角錐的高 *h*。

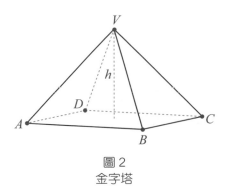

圖 2
金字塔

我們不知道古埃及人是否能計算金字塔的體積，但是在《莫斯科紙莎草文書》的第十四題，我們發現古埃及人能計算「截頂方錐」（truncated pyramid）的體積。所

謂截頂方錐,就是將一個四角錐上方截去一個小四角錐,截面必須平行於底面, 如圖 3。

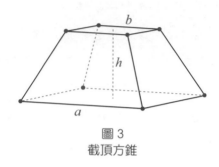

圖 3
截頂方錐

《莫斯科紙莎草文書》第十四題及其解法如下:

計算截頂方錐的方法:

如果有人對你說,

一座截頂方錐的高為 6 肘 (cubit),

下底 (面之邊長) 為 4 肘,上底 (面之邊長) 為 2,

你用 4 計算,平方,結果 16。

將 4 加倍,結果 8。

你用 2 計算,平方,結果 4。

將 16 與 8 與 4 加總,結果 28。

你算 6 的 $\bar{3}$,結果 2。

你算 28 兩次,結果 56。

瞧呀! 是 56。你正確地算出來了。

圖4
《莫斯科紙莎
草文書》中的
截頂方錐問題
(©wikipedia)

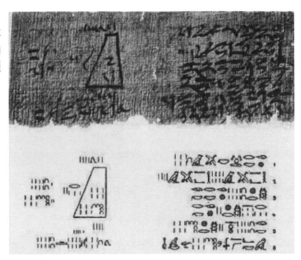

如果一個截頂方錐的下底面邊長 a，上底面邊長 b，高為 h，體積為 V，那麼這裡給出的計算過程相當於

$$V = \frac{h}{3}(a^2 + ab + b^2)$$

這是正確的公式。由於紙莎草文書中並未紀錄埃及人如何找到這個公式，所以，歷來許多學者提出許多可能的方法。

另外一項與金字塔有關的數學，是 "seked"，或拼為 "seqet"、"skd"，或是金字塔側面的「斜率」。seked 的定義為金字塔底面邊長的一半除以金字塔的高，用現在數學用語來講，就是斜面的水平分量除以垂直分量，這與我們中學數學中斜率的定義剛好相反。古埃及人如此的定義方式有何意義呢? 因為 seked 的計算不只是數

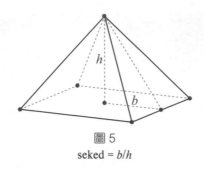

圖 5

seked = b/h

學問題，它還牽涉到金字塔的美觀。金字塔的每一個側
面看起來都幾乎是很「平」的三角形，不會有任何一部
分凸出來或凹下去。建造金字塔的工人，必須要知道當
他們每往上疊一層石塊時，最外面的一塊必須比下一層
的外緣向內縮多少長度。既然石塊的高度是固定的，所
以他們要知道每單位高度需要往內移動多少水平長度，
此時 seked 的定義方式就很自然了。

五、結語

從單位分數的使用，我們可以看出在沒有貨幣的古
埃及社會，人們對分數計算與公平分配的重視。而在紙
莎草文書裡，與金字塔有關的數學例題中，我們看到了
古埃及人建造這些大型國王陵墓所必須的部分數學工
具。自從 1960 年代起，所謂「金字塔由外星人所建造」
這樣的論調，意外地風靡了全世界。但是，或許我們不

圖 6

胡夫金字塔，此為世界上最大、最高的埃及金字塔，現高 138.74 公尺
(©Nina Aldin Thune)

該太低估我們祖先的能力。隨著越來越多的科學史或數
學史研究，讓我們越來越清楚古代人的生活方式。我們
不是埃及學家或科學史家，無法在這篇短文中討論金字
塔如何被建造。然而，我們一貫的初衷是從文本貼近脈
絡。本文就是從古埃及獨特的數學成就來貼近古埃及人
獨特的文明。而這樣的態度，讓我們更容易瞭解古人生
活的本來面貌，而不會盲從於許多對古代文明一廂情願
的浪漫遐想。

◇參考文獻

1. 林倉億 (1998)，〈埃及和印度的乘法〉，《HPM 通訊》第 2 卷第 6 期。

2. 漢尼悉、朱威列等編 (1991)，《人類早期文明的「木乃伊」── 古埃及文化求實》，臺北：淑馨出版社。

3. Bunt, Lucas N. H., & Phillip S. Jones, & Jack D. Bedient (1998), *The Historical Roots of Elementary Mathematics*, NY: Dover Publications, INC.

4. Clagett, Marshall (1999), "Volume Three: Ancient Egyptian Mathematics", *Ancient Egyptian Science-A Source Book*, Philadelphia: American Philosophical Society.

5. Eves, Howard (1975), *An Introduction to the History of Mathematics* (4th ed), NY: Holt, Rinehart and Winston.

6. Gillings, Richard J. (1982), *Mathematics in the Time of the Pharaohs*, NY: Dover Publications, INC.

7. Grattan-Guinness, Ivor (2000), *The Rainbow of Mathematics*, NY: W. W. Norton & Company, INC.

8. Joseph, George G. (2000), *The Crest of the Peacock*: *Non-European Roots of Mathematics*, NJ: Princeton University Press.

前 6—前 3 世紀

古希臘文化中的數學
 ## 以畢氏學派為例

英家銘

一、前言

　　亞里斯多德（Aristotle，西元前 384—前 322）說：「人類的天性中有求知的慾望」。這句話告訴了我們古希臘人對知識本身的熱愛。我們從歷史記載中看到，古希臘哲學家到「世界各地」旅行，吸收各個民族的知識，尋找這些知識的意義以及相互關係。古希臘人在哲學、藝術、文學等領域，為世人留下了豐富的遺產，至今對全人類仍影響深遠。他們的數學成就也是如此，23 個世紀之前成形的歐氏幾何，現在不仍是中學數學教材中不可缺少的部分嗎？

　　顯然，古希臘人對知識的熱愛，讓他們發展出非常獨特的文化。在本文中，我們將介紹古希臘文化中一個學派——畢氏學派的數學成就，以及這些成就與他們宇宙觀之間的互動。我們先來了解這個學派及

圖 1
拉斐爾名作「雅典學院」之一小部分，中央為畢達哥拉斯 (©wikipedia)

它的創始人畢達哥拉斯（Pythagoras，西元前 6 世紀中葉—前 5 世紀初葉），一位曾周遊列國尋求知識的哲學家。

二、畢達哥拉斯與畢氏學派

西元前 6 世紀時，在現今土耳其西部的愛琴海岸有許多希臘城邦，畢達哥拉斯就出生在這個區域。傳說他曾向腓尼基與敘利亞的神職人員學習，也到過埃及向他們的祭司學習天文學與幾何學。西元前 530 年左右，他到了義大利半島南端的克羅頓（Crotone）

定居，在那裡他廣收門徒，後來形成了著名的畢氏學
派——同時是神秘宗教團體與哲學學派。

羅馬經院哲學家波伊提烏 (Boethius, 470–524) 曾
說過一個故事，關於畢達哥拉斯如何巧妙地發現音
階與整數比例的關係（詳見本書頁 28），這個軼事可
能是 6 世紀時廣泛流傳的動人故事，我們可以想像
在古希臘時代，當時的人發現音調與整數比例這兩
個如此不同的事物居然有關聯，這件事會是多麼地
令人驚訝。

讀者可能也有過類似此故事的經驗。我們在國
中數學階段，曾經學到「商高定理」，或稱為「畢氏
定理」。這個定理的內容是說，任意給定一個直角三
角形，夾直角的兩邊長分別為 a、b，直角的對邊長

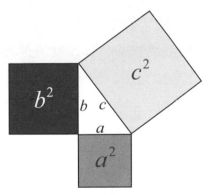

圖 2
畢氏定理: 兩股上的正方形面積和等於斜邊上的正方形面積

17

為 c，則三邊長的關係為 $a^2 + b^2 = c^2$；反之，如果一個三角形三邊 a、b、c 有 $a^2 + b^2 = c^2$ 這樣的關係，則這個三角形是直角三角形。各位讀者可以回憶一下，當我們自己第一次學習到畢氏定理與它的例子時，是不是也曾訝異於一些整數組合與幾何性質之間的關係？

在亞里斯多德的《形上學》一書中，他明確提及畢氏學派的主張：「數的屬性在音階、天體以及許多其他事物中被發現」，可見，上述羅馬時期的傳說應該有幾分真實性。畢氏學派在事物本質找尋數的存在與規律的過程中，帶給世人許多數學知識，也形成了他們的宇宙觀。他們認為，數是形成宇宙的要素，所有的東西都含有數的成分，是實體的最根本。因此，所謂的「萬事萬物，都可以表徵成數目的比 (ratio)」，大概最能代表畢氏學派的宇宙觀了。

由於畢氏學派這樣的信仰，使得他們努力研究數論這門學問。在數論之中，圖形數 (figurate numbers) 是他們早期努力研究的主題之一。這個理論與畢氏定理相同，能將數與幾何關聯起來。似乎很自然地，畢氏學派將單一的點視為 1 個「么元」(unit)；而三個點，或是三角形，則視為 3，以此類推。如此，我們就可以得到下面的這些序列，它們將圖形與數目連接起來：

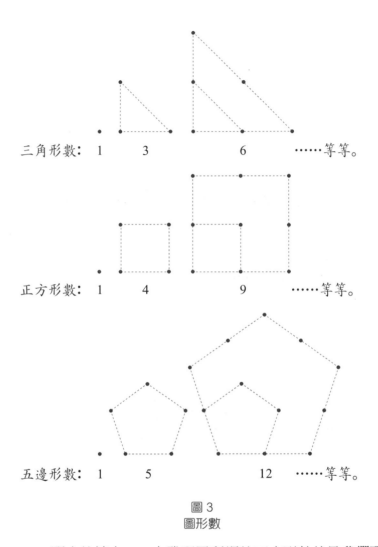

三角形數： 1 　　 3 　　　 6 　　　……等等。

正方形數： 1 　　 4 　　　 9 　　　……等等。

五邊形數： 1 　　 5 　　　　 12 　　……等等。

圖 3
圖形數

　　眼尖的讀者，一定發現了所謂的正方形數就是我們現代人說的平方數！畢氏學派還仔細說明了，在每一個序列中，從第二項開始，如何找出下一項的數目。作法如下：

1. 給定一個非序列首項的圖形數。

2. 連接此點狀多邊形邊界上的相鄰點。

3. 選擇此多邊形的其中一個頂點並延長交於此頂點的兩邊。

4. 在兩延長線上分別加上一點。

5. 從這兩條延長線段上作一正多邊形。

6. 在此新多邊形的每一邊上加上若干點，使得每一邊上點的數目與步驟 4 中兩延長線段上點的數目相同。那麼，這一項的圖形數等於圖中所有點的總計。

　　圖 4 的例子為從三角形數的第三項找第四項的過程。讀者可以自己嘗試對四邊形或五邊形數進行這個程序。

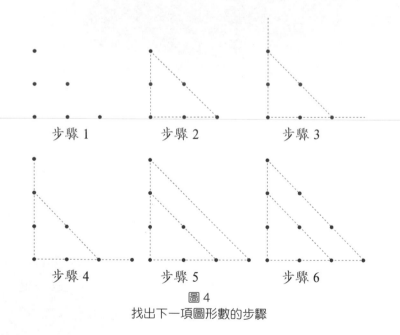

圖 4
找出下一項圖形數的步驟

畢氏學派努力在各樣的事物本質中尋找數目與比例，所以，「不可公度量」(incommensurability) 的發現或許是無可避免的。

三、不可公度量

對古希臘人而言，所謂「數」僅指我們現在所說的正整數。如上所述，畢氏學派相信所有事物的本質都可以化約到整數比。舉例來說，如果我們任給兩個同類量 p、q，則他們認為一定可以找到一個量 u，使得 p、q 皆為 u 的整數倍，換句話說，p、q 可表成 $p = mu$, $q = nu$，其中 m、n 為整數，所以這兩個量的比可以化約成整數比 $m : n$，因為原來這兩個量 p、q 可以用單位 u 量盡而沒有剩餘，所以它們是「可公度量的」(commensurable)。這樣的想法的確跟我們的直覺很接近，然而，在畢氏學派後來發現，如果給定的兩個量是正方形的一邊與它的對角線，那麼，我們就無法找到一個單位來共同度量它們，換言之，它們是「不可公度量的」(incommensurable)。亞里斯多德曾提示他們的證明方法：

> 假設正方形的對角線 AC 與一邊 AB 可公度量 (commensurability)。令 $\alpha \cdot \beta$ 為它們的最簡整數比。

現在 $AC^2 : AB^2 = \alpha^2 : \beta^2$。由畢氏定理得知，$AC^2 = 2AB^2$，所以 $\alpha^2 = 2\beta^2$。如此一來，α^2 為偶數，連帶使得 α 也必須為偶數。既然 $\alpha : \beta$ 為最簡整數比，則 β 必為奇數。令 $\alpha = 2\gamma$，則 $4\gamma^2 = 2\beta^2$，或者 $\beta^2 = 2\gamma^2$。如此 β^2 與 β 都是偶數。但 β 也是奇數。所以我們得到矛盾的結果，因此，AC 與 AB 不可公度量。

這個證明使用的方法，就是我們在高中數學裡見過的歸謬證法，它先假設要證明的結果的反面，再導出矛盾，由此我們知道欲證結果的反面是錯誤的，所以，欲證的結果必須是正確的。

畢氏學派原本所主張的「萬事萬物，都可以表徵成數目的比」，確實在某種程度上影響了希臘人的宇宙觀。比例的英文 ratio 一詞，源自希臘文 logos ($\lambda\acute{o}\gamma o\varsigma$)，意為「可表達的事物」。反之，如果兩個量無法公度量，它們就以一種「非比」(ir-ratio) 的關係存在，那麼，任何可度量其中一個量的單位，勢必無法將另一個量表示為整數，這種情況古希臘人稱為 alogos ($\mathring{\alpha}\lambda o\gamma o\varsigma$)，也就是「不能表達的事物」。此外，在現代我們將實數中可以表示為分數的數稱為有理數，比如 3、8 / 7 等；不能表示為分數的數稱為無理數，比如 $\sqrt{2}$、$\sqrt[3]{4} + \sqrt{5}$、π 等。這兩個稱呼，亦即希臘文中「可表達的」($\rho\eta\tau\acute{o}\varsigma$)

與「無法表達的」（ἄρρητος），後來英文語彙中，就轉化成為「理性的」(rational) 與「非理性的」(irrational) 兩個形容詞。無論如何，從上面這些語源我們知道，「可公度量的」或「可用比例表示的」顯然是古希臘人的日常用語。

數學史家湯馬斯・希斯 (Thomas L. Heath, 1861–1940) 在他的《歐幾里得幾何原本十三冊》(*Euclid: Thirteen Books of The Elements*) 中寫到，傳說中最早將不可公度量公諸於世的畢氏學派成員「在船難中喪生」。他還提到後世學者認為寫下這個傳說的作者，或許是以寓言的方式說這個故事，暗示所有非理性的與無形式的事物都被隱藏起來，而如果有人輕率地闖入這個禁區且讓它顯明於世，那麼，此人就會被沖入變化的海洋，被它永不平息的潮流給淹沒。希斯認為讓所謂無理數的發現保持秘密，還有另一個理由。在當時，畢氏學派的幾何學奠基於只能應用於整數比之上的比例理論，而「不可公度量」的曝光，會使他們的學術基礎動搖。

四、結語

畢氏學派有關數的信仰，對古希臘文化造成了不小的影響，也在數論與幾何等領域，為人類留下了豐

富的內容。然而，不可公度量的發現，對畢氏學派的
成員無疑地是一記重擊，因為這徹底粉碎了他們最
核心的宇宙觀。我們可能無法想像，如果有人能用我
們接受的方法，「證明」我們心目中的神是不存在的，
這對我們會是多麼大的打擊。也許我們會把它當成
不可外揚的家醜，不擇手段地試圖隱藏它；又或許我
們會正視它，嘗試尋找新的解釋來包容它，甚至將它
發揚光大。無論如何，這對任何一個民族都不是簡單
的事。

在畢氏學派之後興起的柏拉圖學派 (Platonic
School)，提出了一套能處理不可公度量的比例理論，最
後由歐幾里得（Euclid，西元前 300 年前後）總結於他的
《幾何原本》(Elements) 中。他們的方法是將數與幾何量
分開，「數」純粹指我們說的正整數，而幾何量才會有不
可公度量的情況發生。所以，在畢氏學派之後的古希臘
人，心目中的數仍只包含了正整數；他們的語彙中，仍以
「非比」來表示無法表達的事物。或許從這些小地方，
我們可以看出畢氏學派的宇宙觀，仍然深植於其後的古
希臘文化。事實上，這種影響不只停留在古典時期。歐
洲數學發展史中，畢氏學派首先將數論與幾何合併起來，
嘗試用數來詮釋幾何，畢氏定理與圖形數都是很好的例
子。但是，數論與幾何的結合在不可公度量的發現後被

迫分開,從柏拉圖學派,歐氏幾何一路到中古時代都是如此。直到文藝復興時期,才有數學家嘗試將它們整合,而這離不可公度量的發現,已過了約 18 個世紀了。

古希臘人留給了世人豐厚的學術遺產,而這也對他們的文化與其後的人類歷史帶來不可磨滅的影響。我們從數學看文化,無非是想提供讀者一個特殊但有意義的視角,來檢視每一個文化的獨到之處。

◇參考文獻

1. 洪萬生 (2002)，〈以我的身高為準〉，《科學發展》第 358 期。

2. 蘇意雯 (1998)，〈畢氏定理淺談〉，《HPM 通訊》第 2 卷第 7 期。

3. Kline, Morris（林炎全，洪萬生與楊康景松譯）(1983)，《數學史：數學思想的發展》，臺北：九章出版社。

4. Bunt, Lucas N. H., & Phillip S. Jones, & Jack D. Bedient (1998), *The Historical Roots of Elementary Mathematics*, NY: Dover Publications, INC.

5. Grattan-Guiness, Ivor (1997), *The Rainbow of Mathematics: A History of the Mathematical Sciences*, NY: W. W. Norton & Company.

6. Heath, Thomas L. (1981), *A History of Greek Mathematics*, NY: Dover Publications, INC.

7. Heath, Thomas L. (1980), *Mathematics in Aristotle*, NY: Garland Publishing, INC.

8. Heath, Thomas L. (1956), *Euclid: Thirteen Books of The Elements*, NY: Dover Publications, INC.

9. Katz, Victor J. (1998), *A History of Mathematics: An Introduction*, Massachusetts: Addison-Wesley Educational Publishers, INC.

數學與音樂的對話

從古希臘到文藝復興

劉柏宏　　劉淑如

一、前言

文藝復興時期可以說是歐洲 17 世紀科學革命的序曲。當時人文主義 (Humanism) 的興起，促使知識分子從人的角度，而非上帝的角度，詮釋人與大自然之間的關係。其實，西方人文主義精神，最早緣起於古希臘，歷經一千多年的塵封後，於文藝復興時期重新獲得當時知識分子的重視，而這種以人為本的知識信念，自然影響他們對專業知識的詮釋態度。

一般人對於文藝復興時期的藝術成就的討論，總是聚焦於繪畫、雕塑、與建築等視覺藝術方面，至於音樂

劉淑如，1967 年生。美國北德州州立大學音樂教育碩士，現任教於國立勤益科技大學。專長為音樂教育，研究方向為技專校院音樂藝術相關課程之探討。喜歡接觸與任何與音樂藝術相關領域之知識，著有《音樂欣賞》等專書。

方面的發展則被忽略。由於聽覺較之視覺而言更為抽象，因此，其發展往往也較為遲滯。眾所周知，古典音樂在17、18 世紀的巴洛克時期綻放出燦爛的花朵，殊不知其基礎卻早在 16 世紀晚期即已奠定，而數學在這段音樂發展史中，扮演著舉足輕重的角色。

二、古希臘時期數學與音樂的淵源

流傳至今世界上最古老、最具系統性的音階理論，是由古希臘數學家兼哲學家畢達哥拉斯所創建。相傳畢達哥拉斯經過一家打鐵舖時，受到店內傳來和諧悅耳之打鐵聲響節奏所吸引而入內觀看。他發現打鐵用之鐵鎚的重量比分別為 12:9:8:6，而這幾個數字在數學上恰好都有其特殊意義與規則。例如，中間兩數字 9 與 8 之乘積，與前後兩數 12 與 6 之乘積相等（因此其幾何平均數也相等）；9 與 8 又恰巧分別為 12 與 6 的算術平均數與調和平均數。這些數字間如此美麗的比例關係，和畢氏學派「萬物皆數」的信念互相吻合。

畢氏更進一步以單弦琴做試驗後發現兩個現象：(1)彈撥繃緊的弦所發出的聲音，其音高取決於弦的長度；(2)當彈撥長度成簡單整數比的兩條弦時，會產生和諧音階。畢氏所謂的「簡單整數比」是進一步將上述 "12:9:8:6" 的比例做分組與化約，其中 12:6 = 2:1，是所

調八度音程；12:8＝3:2 是所謂五度音程；12:9＝4:3 就
是四度音程，而利用 1、2、3、4 這四個數字就構成畢氏
的三個基本音程。接著，畢氏採用五度音循環的方式，
定出不同音階，其作法是從 1 出發，連續升高五次五度
音（即乘以 3/2 五次），得到 1、3/2、9/4、27/8、81/16、
243/32，然後，對於超過 2 的數字，做八度轉位的處理
（除以 2 降八度或乘以 2 升八度），並依大小次序排列得
到 1、9/8、81/64、3/2、27/16、243/128、2。而缺少
的第四音，則可藉由下降五度音 1×(2/3)＝2/3 後，再
做八度轉位（乘以 2）得到 4/3，如此，便得到所謂的畢
氏音階（表 1，畢氏音階有另一作法，參見 Bibby, 2003）：

C / do	D / re	E / mi	F / fa	G / sol	A / la	B / si	C' / do
1	$\dfrac{9}{8}$	$\dfrac{81}{64}$	$\dfrac{4}{3}$	$\dfrac{3}{2}$	$\dfrac{27}{16}$	$\dfrac{243}{128}$	2

表 1
畢氏音階

很顯然地，上述的音程比例並非完全的「簡單」
的整數比（81/64、27/16、和 243/128 並不算簡單）。
因此，天文學家托勒密（Ptolemy, 85–165）將其中三個
音階 81/64、27/16、與 243/128 分別以 5/4、5/3、
與 15/8 取代，此即所謂的純律音階（Just Intonation），
如表 2 所示。

C／do	D／re	E／mi	F／fa	G／sol	A／la	B／si	C'／do
1	$\frac{9}{8}$	$\frac{5}{4}$	$\frac{4}{3}$	$\frac{3}{2}$	$\frac{5}{3}$	$\frac{15}{8}$	2

表2
純律音階

　　只不過無論是畢氏音階或純律音階，都面臨無法平順地轉調的困難。假設我們從 C 調開始不斷上升五度音，在理論上所產生的音階，應該涵蓋所有的音階，而且到了另一個 C 調時，應該是比原來高數個八度的 C 調，這樣就可以形成一個完美的五度音樂圓（circle of fifths）。畢達哥拉斯相信應該會如此，而他利用單弦琴所做的實驗結果，也告訴他似乎是如此。然而，從表3可以發現事實上卻不然（表中數字均取到小數點第三位），表3中之任兩數字相除，都不可能是 2 的次方倍。換句話說，在畢氏音階中以五度音上升，根本無法到達另一個高數個八度的 C，而永遠有一個小缺口存在，因此，形成一個五度音樂螺旋，而非五度音樂圓。

1	3／2	$(3／2)^2$	$(3／2)^3$	$(3／2)^4$	$(3／2)^5$
1	1.500	2.250	3.375	5.062	7.593
$(3／2)^6$	$(3／2)^7$	$(3／2)^8$	$(3／2)^9$	$(3／2)^{10}$	$(3／2)^{11}$
11.390	17.085	25.628	38.443	57.665	86.497

表3
上升五度音各音階之比值

這個現象用數學來解釋就很清楚。由於五度音程是 3:2 的比例，而 3 和 2 均為質數，兩個不同質數的任意次方不可能整除，更別說是相除後成為 2 的次方。這個問題不僅在托勒密的時代無法解決，甚至整個中世紀到文藝復興初期，也因循這樣的信念。直到 16 世紀末事情才開始發生變化。

三、喬瑟佛‧查里諾的音樂數字信念

14 世紀義大利的世俗歌曲之歌詞以方言為主，且盛行以詩入歌。一些人文主義學者如但丁（Dante, 1265–1321）、佩脫拉克（Petrarca, 1304–1374）、薄伽邱（Boccaccio, 1313–1375）等人的文學作品經常被譜成歌曲，而作曲家也由歌詞激發靈感，而創造出一些特殊音樂，來表達特定的字眼或意境，因此，畢氏音階或純律音階，再也無法滿足作曲家的需要。

另一方面，來自法、比、荷地區的尼德蘭樂派，也將複音音樂風格帶入義大利，引入了原本被認為不和諧的三度和六度和弦。其中對義大利音樂最具影響力的尼德蘭樂派大師，當屬威尼斯的魏拉（Adrian Willaert, 1490–1562）。而魏拉的一個得意門生喬瑟佛‧查里諾（Gioseffo Zarlino, 1517–1590）師承魏拉複音音樂的風格，主張採用保留畢氏音階精神的純律音階。

查里諾於 1588 年所出版的《和聲學原則》(*Le institiuioni harmoniche*) 中除談及音樂創作與數學、哲學的關係外，也表達出一種類似畢氏學派的數字信念。對畢氏而言，畢氏音階只建立在四個最小的整數 1、2、3、4 上，而且 $1 + 2 + 3 + 4 = 10$，10 是一個象徵美好的數字，由如此美好的數字所形成的音樂，自然是最完美的。但在畢氏眼中的完美音樂，在和聲的實際應用上卻顯得侷促，會損失許多音程（例如三度音程 do 到 mi 是 5:4；大六度音程 do 到 la 是 5:3；小三度音程 re 到 fa 是 6:5）。因此，查里諾將四個數字擴展到 1~6 等六個數字，並辯護其哲學基礎。他認為 6 是一個完美數，因為 $1 + 2 + 3 = 1 \times 2 \times 3 = 6$；上帝以 6 天創造了世界；天上只有 6 顆行星（當時尚未發現天王星、海王星、冥王星）；事物總共有 6 種變遷型態（生成、腐壞、增加、減少、變樣、位移）；柏拉圖在《蒂邁歐篇》(*Timaeus*) 中提到 6 種方位（上、下、前、後、左、右）等等與 6 有關的現象。

由於文藝復興時期解剖學與透視學為畫家之方針，而幾何學與比例為建築師之準則，查里諾因此認為音樂也必須遵循由數學科學所構成的音樂理論。然而，小六度音程 mi 到 do 之比例為 8:5，而 8 並不在前六個數字之中。針對這個情形，查里諾解釋說 8 是由兩個 4 所組成，因此，8 卻隱藏於其間。或者將小六度音程分成小

三度音 (6:5) 和一個四度音 (4:3)，問題就解決了。從這裡，我們可以看出：查里諾所謂的數學科學，相當程度帶有「數字神學」的色彩。

四、文森佐・伽利略論古代與現代音樂的對話

查里諾的盛名，也吸引許多當時的音樂家向他學習，其中包括天文學家伽立奧・伽利略 (Galileo Galilei, 1564–1642) 的父親文森佐・伽利略 (Vincenzo Galilei, 1520–1591)。文森佐・伽利略經常和一群人文主義學者討論音樂、藝術、科學、與哲學。他原是一位演奏家，後來到威尼斯追隨查里諾學習音樂理論，對於查里諾由數學科學所建立的音樂理論相當認同。只是當他回到佛羅倫斯，接觸人文主義學者吉羅拉莫・梅 (Girolamo Mei, 1519–1594) 之後，對於查里諾音樂理論的觀點，便開始產生懷疑。約於 1572 年，文森佐・伽利略著手撰寫《概要》(Compendio) 一書，以整理他從查里諾處所學得的理論。手稿中的一段話，顯露了他對於整數比例音階理論的掙扎與猶豫：

> 有人可能對於吟唱時的音程，究竟必須依據真實的比例，或是我先前所展示的調律有所疑問。關於這點，我的回答是吟唱時我們根據前者，演奏時則根據

> 後者……當我們一邊演奏一邊吟唱時，和諧共鳴的
> 真實形式只是潛在地存在，並無真正運作。而這種潛
> 在性在自然界中是無用的，所以並不會發生。

文森佐·伽利略似乎意識到整數比例音階，無法同時滿足吟唱與演奏時的雙重要求，因此，他嘗試透過研究古希臘音樂形式，來補充他的論點。透過書信往返，吉羅拉莫·梅不僅教導文森佐·伽利略許多有關古希臘的音樂知識，也將他自己所做的實驗結果，告訴文森佐·伽利略。隨著兩人通信愈加頻繁，文森佐·伽利略對於從查里諾處所學得的音樂信念就愈加動搖，最後，他決定放棄《概要》的手稿，轉而致力於《古代與現代音樂的對話》一書的寫作。

在與梅的書信往返之中，文森佐·伽利略得知亞里斯多德的一位學生亞里斯多瑟諾斯（Aristoxenus，西元前 364– 前 304）曾提出「十二平均律」的觀念。所謂平均律的觀念，是將八度音 2:1 的弦長，分成若干等比例的部分，使得無論從哪一個音階開始上升，所經過音階都能形成一個完美的音樂圓，以便能順利地轉調。依亞里斯多瑟諾斯的構想，若要將八度音分成十二個相等的部分，且所有的音階須符合完美音樂圓的理想，按照現在的符號記法和鋼琴鍵盤（圖 1）來說明，就是要滿足下列關係式：

$$\frac{C^{\#}}{C} = \frac{D}{C^{\#}} = \frac{D^{\#}}{D} = \frac{E}{D^{\#}} = \frac{F}{E} = \frac{F^{\#}}{F} = \frac{G}{F^{\#}} = \frac{G^{\#}}{G} = \frac{A}{G^{\#}} = \frac{A^{\#}}{A} = \frac{B}{A^{\#}} = \frac{C'}{B}$$

圖1
鋼琴鍵盤

也就是將八度音程分為十二個等比例半音，所以每一音階比值為 $\sqrt[12]{2} \cong 1.0595$。這樣的比例分配，可以使得任何音階的比例，均為 2 的次方倍，逐次上升五度音，就可以形成所謂完美的五度音樂圓（圖2）。

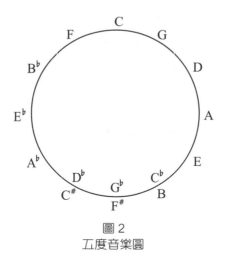

圖2
五度音樂圓

然而,羅馬時期的音樂理論家波伊提烏卻認為:如果要在既有的整數比例之間再做分割,那麼,所成的數字將可能不是整數比例,而且要將弦做非整數比例的分割,在實際的測量技術上也有困難。博伊提斯的第一個理由,很明顯仍拘泥於畢氏與托勒密的整數迷思中,而第二個在測量技術上的困難,到了 15 世紀末這就不是問題了。當歐幾里得《幾何原本》的拉丁語翻譯本於 1482 年問世後,做非整數比例的等比分割,在技術上已是輕而易舉。如圖 3,在一半圓上做一三角形 *ACD*,此三角形必為一直角三角形。在 *AC* 線段上取一分割點 *B*,則根據相似三角形原理,可以得知 $\overline{AB} : \overline{BD} = \overline{BD} : \overline{BC}$,也就是說,只要任給兩個弦長,例如任意給定 *AB* 與 *BC* 之長,利用這個作圖法,就可以得到同時與它們構成等比例之長度 *BD*。

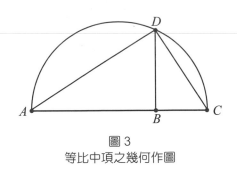

圖 3
等比中項之幾何作圖

當然,文森佐·伽利略對於「十二平均律」的支持,並非建立在數學的計算上,而是在實驗的結果上。

$\sqrt[12]{2} \cong 1.0595$ 之值若以整數比例代替，大約等於 $18/17 \cong 1.0588$，因此，在擺脫神聖比例的束縛後，文森佐‧伽利略利用試誤的方法，建立起「十二平均律」的模型。其實，經由「十二平均律」所調出來的音和純律音程，只有微小的差異（表 4），不過，卻具備轉調平順無礙的優點，尤其特別適合於鍵盤樂器的演奏。

音名	純律音程	平均律音程	純律頻率	平均律頻率
C	1	1	264.0	261.6
C#	16/15	$\sqrt[12]{2}$	281.6	277.2
D	9/8	$(\sqrt[12]{2})^2$	297.0	293.7
D#	6/5	$(\sqrt[12]{2})^3$	316.8	311.1
E	5/4	$(\sqrt[12]{2})^4$	330.0	329.6
F	4/3	$(\sqrt[12]{2})^5$	352.0	349.3
F#	64/45	$(\sqrt[12]{2})^6$	375.5	370.0
G	3/2	$(\sqrt[12]{2})^7$	396.0	392.1
G#	8/5	$(\sqrt[12]{2})^8$	422.4	415.4
A	5/3	$(\sqrt[12]{2})^9$	440.0	440.0
A#	16/9	$(\sqrt[12]{2})^{10}$	469.3	466.3
B	15/8	$(\sqrt[12]{2})^{11}$	495.0	494.0
C′	2	2	528.0	523.4

表 4
純律音階與十二平均律音階的比較（取自蔡聰明，1994）

雖然文森佐‧伽利略在《古代與現代音樂的對話》一書中，透過實驗證據推崇亞里斯多瑟諾斯的想法，其

理論基礎卻嫌薄弱。然而，他的書大約於 1582 年出版之後，就激發不少科學家探求「十二平均律」在音樂實務上的應用。最先公開討論「十二平均律」的科學家，是荷蘭的數學家塞蒙·史蒂文 (Simon Stevin, 1548–1620)，他於 1585 年所出版的《算術》(L'Arithmetique) 一書中，探討二次與三次方程式的解，確立了開方根的必要性，也因此反駁畢氏學派只承認整數和有理數 (rational number) 的立場，當然他也不認同畢氏學派和查里諾整數比例音程的理論。史蒂文指出，沒什麼數字是愚蠢、無理、不規則、難以理解、或荒謬的，也就是沒有什麼數字比其他數字更美麗、更神聖。史蒂文援引科學圈的佐證，在當時無法立即獲得其他音樂理論家廣泛的支持。直到 1636 年，法國神父兼數學家、同時也是音樂理論家的梅森 (Marin Mersenne, 1588–1648) 出版《和諧的宇宙》(L'Harmonie universelle)，再次確認「十二平均律」的音樂與數學基礎後，「十二平均律」在西方音樂史的地位才逐漸穩固，並伴隨著其他數學家與音樂家，進入科學史上的科學革命世紀與藝術史上的巴洛克時代。事實上，最早有系統研究「十二平均律」的是中國明朝世子朱載堉 (1536–1610)，他於《律呂精義》中所提出的新法密率，即為現今的「十二平均律」，只是他的主張一直未獲得重視。

◇參考文獻

1. 曾毓芬 (2001)，《古典音樂賞析：從中世紀到巴洛克時期古典音樂風格探微》，臺北：啟英文化。

2. 蔡聰明 (1994)，〈音樂與數學，從弦內之音到弦外音〉，《數學傳播》第 18 卷第 1 期，頁 78-96。

3. 謝佳叡 (1999)，〈音樂中的數學〉，《HPM 通訊》第 2 卷，第 8, 9 期合刊。

4. 陳希茹 (2002)，《奧林帕斯的回響——歐洲音樂史話》，臺北：三民書局。

5. Galilei, V. (2003), *Dialogue on Ancient and Modern Music*, New Haven, CT: Yale University Press.

6. Cho, G. J. (2003), *The Discovery of Musical Equal Temperament in China and Europe in the Sixteenth Century*, U.K.: The Edwin Mellen Press.

7. Fauvel, J., & Flood, R., & Wilson, R. (eds.), *Music and Mathematics: From Pythagoras to Fractals*, NY: Oxford University Press.

8. Haar, J. (1998), *The Science and Art of Renaissance Music*, Princeton, NJ: Princeton University Press.

9. Isacoff, S. (2001), *Temperament: How Music Became a Battleground for the Great Minds of Western Civilization*, NY: Vintage Books.

10. Kline, M. (1980), *Mathematics: The Loss of Certainty*, NY: Oxford University Press.

11. Mathiesen, T. J. (1998), *Greek Views of Music: Source Readings in Music History* (vol.1), NY: W. W. Norton & Company.

12. Palisca, C. V. (2003), "Introduction", in V. Galilei, *Dialogue on Ancient and Modern Music*, pp.17-69, New Haven, CT: Yale University Press.

西方文化中的歐幾里得

英家銘

一、前言

　　過去四十年來，所有在臺灣完成義務教育的人，一定在國中課本中讀過兩樣東西：其一，歷史課本中提到希臘科學的代表作——歐幾里得的《幾何原本》；其二，數學課本裡的平面幾何與邏輯推理。大部分的中學教師可

圖 1
現存最古老的《幾何原本》殘篇 (©wikipedia)

能會告訴學生，國中的平面幾何就是來自歐幾里得的作品，這是未來學習更高深科學不可或缺的工具。中國清初數學家梅文鼎 (1633–1721) 也說：「言西學者，以幾何為第一義」。然而，我們大多數亞洲人不一定能感覺到的是，歐幾里得《幾何原本》對所謂「西方文化」產生的巨大影響。本文將從《幾何原本》的內容與背景出發，加上幾個例子，來說明西方文化裡無所不在的歐幾里得。

二、《幾何原本》及其時代背景

《幾何原本》約於西元前 300 年寫成，但故事緣起於更早的時代。從西元前 6 世紀初，第一位有紀錄的自然哲學家泰利斯 (Thales，西元前 7 世紀末葉—前 6 世紀中葉) 開始，許多古希臘人就開始嘗試尋找在自然表象背後的統一理性解釋。泰利斯與其他哲學家對幾何想法背後統一性的追尋，使得他們去探索邏輯方法，讓他們能從某些幾何敘述，推導出其他敘述。那些敘述是眾所周知的，但是，將這些敘述以邏輯連結的過程，則是一種相當難能可貴的創新。例如，我們知道「所有的平角都相等」(用現代術語來說就是「平角皆為 180°」，不過，在《幾何原本》中並未給出平角之定義)，也知道「兩直線相交時，對頂角相等」(圖 2，其中一組對頂角 $\angle AEC$ 與 $\angle BED$ 相等)。我們現在可以用邏輯將它們連結起來：

假設我們已經知道「所有的平角都相等」。現在，$\angle AED + \angle BED$ 是一個平角，$\angle AEC + \angle AED$ 也是一個平角。$\angle AED + \angle BED = \angle AEC + \angle AED$，等號兩邊同時減去 $\angle AED$，我們就得到 $\angle AEC = \angle BED$，也就是「兩直線相交時，對頂角相等」。這樣，我們就用了「邏輯」推理，將兩件敘述「連結」起來，由一個敘述推導出另一個，這也是古希臘哲學家不斷嘗試要做的事之一。

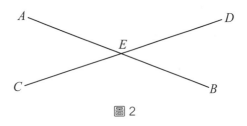

圖 2

除了對理解自然所做的追求工作之外，古希臘社會中也逐漸認同邏輯推理的必要性。從約西元前 500 年起，雅典就發展出一種大多數男性自由公民都能直接參與的政治制度，政治菁英要推行政策，需要在公民大會中取得公民的同意，而對公民闡述理念，則需要辯證方法與修辭技巧。雅典的司法制度，從西元前 5 世紀中葉起，也出現了由隨機選出的公民所組成的陪審團。由於當時並未有現代的刑事鑑識科學，可以提供 DNA 或指紋證據，所以，具有說服力的演說，就是法律程序中最重要的元素。

　　此外，古希臘幾乎沒有如中國戰國時代的「養士之風」，或是歐洲文藝復興時期，封建領主「贊助」科學家研究之風氣，因此，哲學家等學者必須獨立謀生。古希臘社會對學習辯證與修辭的需要，讓各個不同學派的哲學家，包括被污名化的「詭辯學派」(sophists)，都能夠以講學來謀生。這些不同的學派如何招攬比別人多的學生呢？很簡單，在著作或公開辯論中打敗持相反意見的人，證明自己的學說才是最正確的，而這正需要具備很好的邏輯推理能力才能做到。

　　西元前 4 世紀下半葉，馬其頓的亞歷山大征服了希臘半島、埃及以及西亞，歐洲與西亞歷史進入史家所稱的「希臘化時代」(Hellenistic Period)。亞歷山大死後，控制埃及的托勒密 (Ptolemy) 王國對於網羅知識與智者有特別的興趣。他們在尼羅河出海口的亞歷山卓 (Alexandria) 建立了「大圖書館」與「謬思女神的殿堂」(Museum, 即今日英文「博物館」的字源)，支持各種知識的保存與部分學者的研究。歐幾里得當時就是在亞歷山卓擔任教師，並寫下了《幾何原本》。

　　希臘人對自然哲學 (natural philosophy) 與邏輯的追求，到了歐幾里得的時代，已累積了很多知識。當時，已經發展出了很多數學，而且幾乎所有都與幾何或數論有關。畢氏學派的研究已經進行了兩個世紀，而其他人

也寫下了他們的數學發現。柏拉圖的哲學與亞里斯多德的方法論（含邏輯）已有深厚的基礎，所以，學者們知道數學「事實」必須以推理說明其正當性。許多數學的結果可以被更基礎的想法所證明。但是，即使那些證明也毫無組織，每個證明都從自己的假設出發，而沒有考慮與其他證明的一致性。

奠基於前人的工作，歐幾里得整理了過去希臘數學家的成果，並且延伸開展。他的目的，似乎是要將希臘數學建築於統一的邏輯基礎之上，而這件事情也呼應古希臘社會對邏輯的需要。歐幾里得「從根做起」，重建了希臘數學。他的《幾何原本》，正是一部百科全書式的著作。

整部《幾何原本》分為 13 卷，共 465 個「命題」（propositions，現在亦稱為「定理」），而每一個命題都是由它之前的敘述所證出。每個命題的敘述之後是相關圖形，再來是詳細的證明。每個證明的結尾是一句「此即所欲證的」。這句話的拉丁譯文為 *quod erat demonstrandum*，這就是證明結尾常見縮寫 "QED" 的由來。另一方面，《幾何原本》也包括了很多有關尺規作圖的命題，其中除了證明作圖可行之外，當然必須先描述作圖程序，而拉丁文的作圖完畢，就稱為 *quod erat faciendum*，縮寫為 "QEF"。

如同亞里斯多德所指出的，邏輯系統必須建立於幾個我們認為理所當然的假設之上。所以，在給出 23 條名詞定義之後，歐幾里得提出了 10 個基本假設，然後，嘗試利用精心設計的證明，從定義基本假設推導出其餘的幾何知識❶。

《幾何原本》卷一的 10 個基本的假設如下：

1. 等於相同量的量彼此相等。

2. 等量加等量，其和仍相等。

3. 等量減等量，其差仍相等。

4. 彼此能重合的物體是相等的。

5. 全體大於部分。

6. 由任意一點到任意一點可畫直線。

7. 一條有限直線可以繼續延長。

8. 以任意點為圓心及任意距離可以畫圓。

9. 凡直角都相等。

10. 一條直線與另外兩條直線相交，若某一側的兩個內角和小於兩直角，則這兩條直線不斷延長後在這一側相交。

---

❶ 這是專指幾何學知識而言。其實，《幾何原本》有 3 卷（第 7、8、9 卷）之內容為數論，不過，其呈現方式也與幾何部分一致。

以現代術語來說，這 10 條起點敘述是歐氏平面幾何的「公設」(axiom)。前 5 條是關於量（在英文版中，「量」對應了 "thing"）的一般敘述，適用於所有的演繹科學(deductive sciences)，因此，在本書中，它們被稱為「公理」(common notions)。至於第 2 組的 5 條，則是特別關於幾何的敘述，在被稱為「設準」(postulates) 的這一組公設前頭，出現了極易被忽視的一句話，那就是：讓下列被假設成立 (Let the following be postulated)，可見，歐幾里得早已注意到幾何學迥異於其他演繹科學之獨特性，而這正是非歐幾何學發展的契機之一。不過，這是後話，我們在此暫時不表。無論如何，按歐幾里得的觀點，這 10 條敘述直覺上是不證自明的 (self-evident)。換句話說，任何知道敘述中每個字意義的人，都會相信這些敘述。

圖 3
拉斐爾名作「雅典學院」之一小部分，右方為歐幾里得，另外四位學生臉上分別有好奇、驚訝、專注、理解的神情 (©wikipedia)

從這個簡單的開頭——23 條定義與 10 條明顯成立的敘述——歐幾里得建造了整個平面幾何的理論。而且從他的時代開始,《幾何原本》就被世人奉為學習幾何與邏輯推理的圭臬。

三、《幾何原本》對西方文化影響舉隅

歐幾里得的著作,其重要性之所以歷久彌新,不只是在於它提供了大量的數學知識,更重要的是,它教你如何思考。《幾何原本》從不證自明的敘述出發,利用邏輯,一步一步建造複雜的理論,其中每一部分都堅固地附加在已經被建造完成的地方。如此得到的事實,被認為具有「確定性」(certainty)。的確,從歷史的角度來看,數學的知識也似乎是確定的,兩千多年前被證明的畢氏定理,現在仍然「正確」(只要你同意歐幾里得的公設),但是,古希臘的物理學、生物學、醫學等科學,與現代的科學就有很大的不同。

由於《幾何原本》所展現的方法帶來確定性,所以,兩千年來,許多人物都以這種方法為標準,試圖建立自己學說的確定性。以下,我們簡短地舉幾個著名的例子,以顯示歐幾里得的作品如何形塑並應用於西方思想的許多面向。

阿基米德

阿基米德（Archimedes，西元前 287? – 前 212）在數學上有許多偉大的貢獻，包含證明圓面積、球體積等。而他在物理學上最有名的貢獻之一，則是槓桿原理，他「證明」了這個原理，不是靠做實驗，而是用歐幾里得的方法，從例如「等重之物在相同距離處達到平衡」這類的公設出發，利用邏輯推導得到的結果。當然，阿基米德對邏輯方法的重視，不見得只是受到《幾何原本》的影響，也是受到古希臘哲學家，特別是亞里斯多德學說的影響。

史賓諾莎的《倫理學》

史賓諾莎（Baruch de Spinoza, 1632–1677）是位荷蘭哲學家。他的《倫理學》（*Ethics*）完全依照《幾何原本》的體例，在每一章的開頭有數條定義與公設，接著，是這一章的命題，每個命題之下有證明。在第一章〈論上帝〉（Of God）中，有例如「實體，吾人理解為處於自身之內，且透過自身而被認識之物」的定義（好比《幾何原本》第一卷定義一：點，為無部分之物）；有例如「一切事物，若不能透過它物而被認識，就必透過自身而被認識」的公設。還有如「具有無窮多屬性之上帝，或實體，……必然存在」這樣的命題，使用歐氏幾何的形式，希望「證明」上帝的存在，證明結尾還寫上 QED。

牛頓

牛頓 (Newton, 1642–1727) 將他的三大運動定律也稱為「公設」。他的《自然哲學的數學原理》(*Philosophiae Naturalis Principia Mathematica*) 也仿照《幾何原本》的結構。奠基於三大運動定律與重力，他的宇宙系統是以數學的形式呈現於世人面前。牛頓物理學的成功，大大增強了一種觀點，就是「數學是科學的恰當語言」。此外，藉著他的宇宙數學模型，牛頓也大力鼓吹從設計上看出上帝存在的說法。太陽系的數學完美性——行星都以橢圓軌跡行進，且在同一平面上公轉——不太可能是隨機產生的結果，而是「一個強大存在所思量與主宰之後的結果」。這類不從天啟出發，而強調從哲學與觀察自然來說明上帝存在的「自然神學」(theologia naturalis)，自然十分倚重數學與理性。

美國獨立宣言

美國的獨立宣言 (Declaration of Independence, 1776) 是另一個十分有名的例子。在簡短的序文之後，這份文件提出了幾個「不證自明的真理」：「凡人皆生而平等，秉造物者之賜，擁諸無可轉讓之權利，包含生命權、自由權、與追尋幸福之權」。而且，如果任何政府不遵守這些公設，「則人民有權改組或棄絕之，並另立新政府」。

在中段的開頭，他們說要「證明」大不列顛國王喬治三世
並未遵守那些公設。最終的結論是：「所以，我等……鄭
重發表與宣告，團結之諸殖民地為，亦有權是，自由獨立
之國家」。在這份文件中，作者們企圖以歐幾里得方法得
到的確定性，來說服世人，他們不是反抗國王的叛亂分
子，反之，他們在獨立這件事上是具有充分正當性的。

四、結語

　　由以上幾個例子，我們可以知道，歐幾里得的方法
是西方文化中極為重要的一環。《幾何原本》的內容，也
一直是古代西方與現代世界學習數學與科學的重要依
據。然而，《幾何原本》的內容本身十分形式化，相當枯
燥乏味，而且完全沒有任何引起學習動機的過程。在上
個世紀末的臺灣，中學的數學為了要更吸引學生，為了
要「把每個學生都帶上來」，教學內容更強調「發現」數
學知識，所以，許多形式化的內容，都被改為探索與發
現之事實，最後，再學習一點點證明的方法。這樣立意
良善的課程，受限於時間，加上國中基本學力測驗無法
設計證明題，使得在國中幾何課程中，邏輯證明似乎都
變成比較次要的學習。

　　這樣的結果令人十分遺憾。因為，正如當代美國數
學史家葛實娜 (Judith Grabiner) 所說，我們教數學，不只

是教數量推理，不只是教一種科學語言，更重要的是，
經由對歐氏幾何的學習，引導學生認識在西方思想佔有
中心地位的數學，進而增加我們對人類文明的理解！這樣
的理想的確不容易達成，但是，如果我們完全不教學生
邏輯與證明，從來也不在數學或歷史課堂上討論《幾何
原本》，那麼，我們的學生所學到的幾何知識仍然是沒有
知識結構系統的；學生也無法感受到數學知識對人類文
明的重要性，更失去一個瞭解西方文化的機會！所以，學
習演繹推理方法，至少與學習數學知識本身是一樣重要
的，我們若不認識西方文化中的歐幾里得，大概就難以
理解「西方」本身了！

◇參考文獻

1. Berlinghoff, William P., & Fernando Q. Gouvêa. (2004), *Math through the Ages, A Gentle History for Teachers and Others*, Expanded Edition, Oxton House Publishers & The Mathematical Association of America.（本書中譯《溫柔數學史：從古埃及到超級電腦》(2008)，臺北：五南文化出版公司。）

2. Grabiner, Judith V. (1988), "The Centrality of Mathematics in the History of Western Thought", *Mathematics Magazine* (61) 4, pp. 220–230.

3. Heath, Thomas L. (1956), *Euclid: Thirteen Books of the Elements*, NY: Dover Publications, INC.

4. Lloyd, Geoffrey, & Nathan Sivin (2002), *The Way and the Word, Science and Medicine in Early China and Greece*, New Haven: Yale University Press.

5. Martin, Thomas R. (2000), *Ancient Greece, From Prehistoric to Hellenistic Times*, New Haven: Yale University Press.

6. Wild, John (ed.) (1930), *Spinoza Selections*, NY: Charles Scribner's Sons.

3 世紀
劉徽的墓碑怎麼刻?

洪萬生

一、前言

　　曹亮吉教授在他的《阿草的葫蘆》中，以偉大數學家高斯 (F. Gauss, 1777–1855) 為例，寫了一篇相當有趣的〈我的墓碑我來刻〉。其中，他還提及另一位偉大數學家阿基米德的墓碑傳奇。不過，他顯然藉此提醒數學家，最好生前自己刻好墓碑，免得像高斯基碑上的正十七邊形，由於石匠的力有不逮，雕出了一個既不像圓，也不像正多邊形的圖形，而壞了一世英名。其實，最慘不忍睹的墓碑，莫過於瑞士數學家傑可布・伯努利 (Jacob Bernoulli, 1654–1705)，他所期待的對數螺線，竟然被雕成了同心圓，儘管基碑上也同時雕上了拉丁文 Eadem Mutata Resurgo，意即「我將一如往常上升，雖然已經變化」(I shall arise the same though changed)。

　　比較幸運的科學家，大概是偉大的統計力學大師波

茲曼（Ludwig Boltzmann, 1844 –1906）吧，他的墓碑上樹立了他的雕像，連同他那偉大的公式 $S = k \log W$。不過，偉大數學家不見得都能掌握到不朽的數學公式，如果他們的傑出貢獻可以利用圖形表徵，那麼，在自己的筆記本上塗鴉一下，大概是比較保險的作法。

圖 1
波茲曼的墓碑 (©wikipedia)

2002 年 6 月，我應邀參加英年早逝的天才數學家阿貝爾（Niles Henrik Abel, 1802–1829）的 200 週年誕辰研討會時，有機會參觀他的墳塋，不過，沒有發現任何數學符號或圖形。倒是布置在奧斯陸大學數學系門前的阿貝爾雕像基座，就複製了他遊學巴黎時所繪的一個雙紐線 $(x^2 + y^2)^2 = a^2(x^2 - y^2)$（極坐標方程為 $r^2 = a^2 \cos(2\theta)$）。這個曲線是橢圓函數的起點，也是任何有關費馬（Pierre de Fermat, 1601–1665）最後定理的科普著述所不敢輕忽待之的一個圖形❶。

---

❶ 我就讀大二時，曾閱讀日本大數學家高木貞治所著的《近代數學史談》，就是無從理解何以作者一開始要以雙紐線為主題，討論阿貝爾、外爾斯特拉斯 (Karl Weierstrass) 以及傑可比 (Jacobi) 三人之間的競爭。

圖 2　　　　　　　　　　　　　　圖 3
阿貝爾的雕像　　　　　　　　雕像基座上的雙紐線

　　現在，假使劉徽（西元第 3 世紀）生前「可以」交代基碑上雕刻公式或圖形，那麼，他最可能的選擇將是什麼？底下，且看我們試著為大家作個分析與猜測。

二、劉徽的數學成就

　　劉徽是中國魏晉時期算學家，史書有關他的生涯，只有「魏陳留王景元四年，劉徽注《九章》」一句話交代，顯然，他以布衣身分終其一生。至於他的算學活動時期，應該是魏晉之際。陳留王景元 4 年即西元 263 年，而 264 年即西晉王朝的肇建元年。

　　翻開第 3 世紀的世界數學史冊，可以跟劉徽相提並論的數學家並不多見。然則劉徽何以偉大？唐算學博士王孝通（6 世紀後半到 7 世紀前半）在他的〈上《緝古算經》

表〉中，盛讚劉徽注《九章算術》
的「博綜纖隱」與「思極豪芒」，
亦即綜合 (synthetic) 與解析
(analytic) 能力兼備。若從中國
學術史的觀點來看，清中葉經
學、易學兼算學家焦循
(1763–1820) 將劉徽與許慎並
稱（約 1 世紀後半至 2 世紀前
半），也非常值得我們引述如下：

圖 4
劉徽 (©wikipedia)

> 劉氏徽之注《九章算術》，猶許氏慎之《說文解字》。
> 士千百年後，欲知古人仰視俯察之旨，舍許氏之書不
> 可，欲知古人參天兩地之原，舍劉氏之書亦不可。

劉徽在他自己的注序中，則指出：

> 徽幼習《九章》，長再詳覽，觀陰陽之割裂，總算術
> 之根源，探賾之暇，遂悟其意。是以敢竭頑魯，採其
> 所見，為之作注。

至於作注的根據理由，乃是由於：

> 事類相推，各有所歸，故枝條雖分而同本幹知，發其
> 一端而已。

於是，他便採取了如下之進路(approach)：

> 析理以辭，解體用圖，庶亦約而能周，通而不黷，覽
> 之者思過半矣！

由此可見，劉徽還表現了極深刻的數學洞察力。因此，
今日數學史家為他在第 3 世紀留個位置，絕非只是擺個
譜而已。

現在，我們簡要敘述劉徽的數學成就。首先，讓我
們介紹他所注解的《九章算術》。至於中算史上，這一部
算經為何如此重要？請先參看南宋榮棨為楊輝(13 世紀)
《詳解九章算法》所寫的序文：

> 《九章(算術)》為算經之首，蓋猶儒者之六經，醫
> 家之難素，兵法之孫子歟。後世學者有倚其門牆，瞻
> 其步趨，或得一二者，以能自成一家之書。

以今日觀點視之，這種評論難免主觀而誇張，不過，請
記住他們活在「經典」(canon) 的世界之中！這也部分解
釋了一個現象：儘管楊輝曾經重新分類了九章問題與方
法（參考他的《詳解九章算法纂類》），然而他的努力，
對後世研讀、註解《九章算術》的學者，幾乎沒有形成
應有的影響。話說回來，《九章算術》從唐初由於明算科
之開辦而需要教科書，經李淳風 (620–670) 注釋之後，

就獲得新的書銜──《九章筭經》，於是，學術地位之崇隆，當然不在話下了。

顧名思義，《九章算術》（編著者不詳，成書時間不晚於東漢初）共分九章，依序為〈方田〉（含面積計算與分數運算）、〈粟米〉（糧食交換等比例問題）、〈衰分〉（處理比例分配問題）、〈少廣〉（開平方、開立方）、〈商功〉（體積計算）、〈均輸〉（公平交納賦稅等複比例問題）、〈盈不足〉（雙設法 (double false position) 或一次方程的算術解法）、〈方程〉（一次聯立方程的高斯消去法）和〈勾股〉（畢氏定理及其測量應用）。由此可見，本書內容相當龐雜，編輯時分類一定相當棘手，最後，有關比例問題就納入三章之中，亦即第二章〈粟米〉、第三章〈衰分〉以及第六章〈均輸〉。然而，它們的分類判準並不一致，譬如〈粟米〉章按問題的性質──糧食的比例交換──來分類，儘管它也提出所謂的「今有術」，亦即已知一個比例式的三項，可求第四項❷。至於後兩者問題的分類，則是按照算法，分別是「衰分術」與「均輸術」。《九章算術》內容按照算法來分類的各章，除了上述的第三、六章之外，還有第四章〈少廣〉、第七章〈盈不足〉、第八章〈方程〉以及第九章〈勾股〉。至於按問題性質來分類的，除了上述的〈粟米〉之外，還有第一章〈方田〉

---

❷ 此一算法在西方被推崇為黃金般的「三率法」。

（田地面積計算）、第五章〈商功〉（體積計算）。由於這三章通常不只一個「術」（算法或公式），所以，在第一章中，編者就順便收編了像分數四則運算以及約分術這樣的整套架構了。

由此可見，《九章算術》的確有如楊輝所評論的「題問頗隱，法理難明」，於是，像劉徽這樣的偉大數學家一有機會，當然就可以大展身手了。首先，他大大地發展了「率」的概念，並用以論證許多算法，解決與比例相關之算術問題，而且還用以論證某些面積、體積公式以及勾股、重差等測望方法，更進一步說明「方程術」（矩陣的高斯消去法）與「令每行為率」之根本聯繫，從而創造了方程新術❸。總之，基於「率」概念的統整功能，劉徽在他的《九章算術》注解中，將衰分術、均輸術、方程新術，以及勾股相與問題之解法，都歸結到「今有術」來，於是，以九章算法所代表的中國數學知識之結構面向，終於得以顯豁。

---

❸ 率的概念很難說得明白。在注解「方程術」中，劉徽的「令每行為率」有一點接近今日矩陣代數的「行向量」的概念。當我們利用行運算法（或列運算法）以簡化矩陣時，我們通常將某行之各個分量同乘一個不為零的數，再與其他行向量進行加減運算，如此，在「令每行為率」的概念下，這個新的行向量等同於原來的行向量。按這一有關率的概念面向之澄清，最早出自數學史家李繼閔的研究成果。

　　基於類似的結構面向之考量，劉徽也利用了所謂的「出入相補」原理，論證了直線形的面積公式、多面體的體積公式、勾股形以及各種測望問題的解法。再結合無窮小分割法，劉徽進一步證明了圓面積公式（以及連帶地求出圓周率之近似值 3.14），以及陽馬、鱉臑體積公式。其中只有兩個公式，他無從證明，其一是「弧田」（即今之弓形）面積公式，另一個就是本文的主題：球體積公式。

三、空間視覺與數學洞識

　　在注解「弧田術」與「圓田術」時，劉徽採取了一般史家頗難分辨的進路，亦即，他在前者中進行論證時，由於弧田面積公式未知，於是，他的「割圓」只好適可而止。請先引述題問：

> 今有弧田，弦三十步，矢十五步，問為田幾何？
> 答曰：一畝九十七步。

（按：一畝等於二百四十平方步），《九章算術》正如其他古代算書一樣，欠缺因次概念，此處答案應為一畝又九十七平方步才是。針對此一問題，《九章算術》的解法如下：

> 術曰：以弦乘矢，矢又自乘，併之，二而一。

如將弧田想像成一把弓（其實，這也是「弓形」一詞的由來），那麼，「弦」與「矢」之指涉，就非常形象化了（圖5）。顯然，這是一個近似公式而已。由於劉徽也未知此一弧田面積的正確公式為何，因此，他的如下注解當然只提供了更精密的逼近方法而已。首先，他模擬鋸圓木材的方法，求出以這一弧田為部分的圓田（圓形）之半徑：

> 宜依勾股鋸圓材之術，以弧弦為鋸道長，以矢為鋸深，而求其徑。

接著，劉徽開始割圓：

> 既知圓徑，則圓可割分也。割之者，半弧田之弦以為股，其矢為勾，為之求弦，即小弧之弦也。以減半徑，

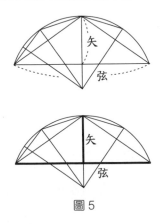

圖5

> 其餘即小弦之矢也。割之又割，使至極細。但舉弦、
> 矢相乘之數，則必近密率矣。

如果無論如何「割之又割」，總是得不到正確公式，那麼，
割到「使至極細」或許就可以讓我們心滿意足了。

　　相反地，由於劉徽已知圓面積公式（按：即半周、半
徑相乘），所以，他在注解圓田術以證明此一公式時，就
指明「割之又割，以至於不可割」了：

> 又按：為圖。以六觚之一面（按：即圓內接正六邊
> 形）乘一觚半徑，三之，得十二觚之冪（按：即圓
> 內接正十二邊形之面積）。若又割之，次以十二觚
> 之一面乘一觚之半徑，六之，則得二十四觚之冪。
> 割之彌細，所失彌少。割之又割，以至於不可割，
> 則與圓周合體而無所失矣！觚面之外，猶有餘徑。
> 以面乘餘徑，則冪出弧表。若夫觚之細者，與圓合
> 體，則表無餘徑。表無餘徑，則冪不外出矣。以一
> 面乘餘徑，觚而裁之，每輒自倍。故以半周乘半徑
> 而為圓冪。

顯然，劉徽在每一步的割圓中，都「看到」了半周乘半
徑的公式初胚，這當然解釋了他何以膽敢割至不可割了
（圖 6）。

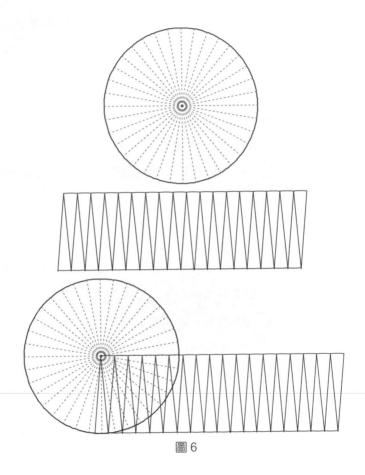

圖6

　　由上述這兩個「認知」的對比，我們可以知道「公式」的存在與否，如何影響劉徽的論證思維或認知方法。這當然也呼應了阿基米德所強調的「發現」方法之不可或缺，他的《方法論》(*The Method*) 一書就是最佳之見證。

在《方法論》一書中，阿基米德收錄了他致伊拉托
森尼斯（Eratosthenes，西元前 276-前 194）的一封信，
曾提及一個他未證明的立體體積公式：

> 在一個正立方體內，內切兩個正交的圓柱體，如此，
> 則這兩個圓柱體相交的立體之體積，即是正立方體
> 的三分之二。（圖 7）

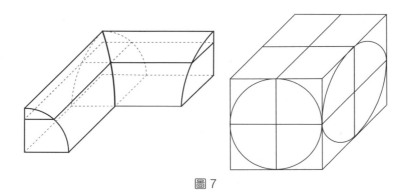

圖 7

事實上，這個立體就是劉徽所說的「牟合方蓋形」
（按：即上下兩個「方蓋」形「牟合」在一起）。而這，
當然是劉徽所提示的球體積公式之發現與證明之關鍵
了。請先看劉徽如何造出他的「牟合方蓋形」：

> 取立方棊八枚，皆令立方一寸，積之為立方二寸。規
> 之為圓囷，徑二寸，高二寸。又復橫因之，則其形有
> 似牟合方蓋矣！

然則他為何考慮這一牟合方蓋形呢？原來，劉徽想尋找球體的一個外切立體，使得這一立體之體積比上球體積等於四比三（取 $\pi = 3$）：

> 按合蓋者，方率也，丸居其中，即圓率也。

如此，一旦他可以計算出此一立體之體積（在這種情況下，當然會連結到正立方體之邊長），球體積公式就可以同時被「發現」與「證明」了。

不過，劉徽尋找牟合方蓋形的動機，主要是他揣摩《九章算術》球體積公式 $V = 9D^3 / 16$（其中 D 為球之直徑）所以謬誤之原因。他首先推測：在 $\pi = 3$ 的情形下，球體積公式乃是由下列兩個比例式所推得：

圓囷（圓柱體）：立方（正立方體）

＝圓率：方率 = 3:4

丸（球體）：圓囷

＝圓率：方率 = 3:4

接著（圖 8），他指出：上述第二個比例式無法成立，因此，《九章算術》才會得出謬誤的公式。請參看他的說明：

> 推此言之，謂夫圓囷為方率，豈不闕哉？以周三徑一為圓率，則圓冪傷少，今圓囷為方率，則丸積傷多，互相通補，是以九與十六之率偶與實相近，而丸猶傷多耳。

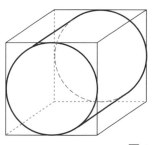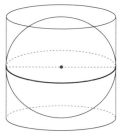

圖 8
圓柱體及其外切正立方體；圓柱體及其內切球體

於是，如何得出正確的球體積公式，關鍵就在於如何「建構」一個立體，使得「這一立體：丸（球體）＝方率：圓率」，至於這一個立體顯然可以利用球體的平行截面（即圓盤）的外切正方形疊合而成，其形狀有如方形的蓋子（讀者不妨聯想飯桌上的防蚊蟲的蓋子。圖 9），無怪乎劉徽稱它為「方蓋形」了。

可惜，劉徽終究無法求出「牟合方蓋形」的體積，所以，他只好留下讓後代史家傳頌不已的提示了：

> 觀立方之內，合蓋之外，雖衰殺有漸，而多少不掩，判合總結，方圓相纏，濃纖詭互，不可等正。欲陋形措意，懼失正理。敢不闕疑，以俟能言者。

後來，這一問題被南北朝時代的祖沖之 (429–500)、祖暅（5 世紀後半到 6 世紀前半）父子解決，結束了這一中算史上有關球體積公式的追求過程。

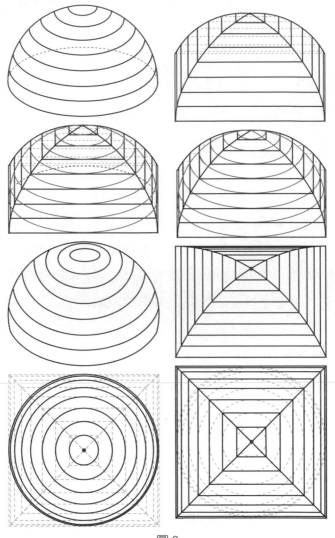

圖 9
上半球體及其外切的牟合方蓋形

　　從劉徽的方法論，我們可以發現：首先，他掌握了今日稱為「卡瓦列利原理」(Cavalieri's Principle) 這個十分有用的認知工具 (cognitive tool)❹，藉以造出「可以操作的」(manageable) 的「方蓋形」；其次，他利用兩個正交的圓柱體來造出方蓋形，符合以「熟悉物件或概念」解釋「陌生物件」之策略，同時，他也「看到」兩個正交的圓柱體中的正方形截面，及其內切之圓（盤）形；第三，劉徽顯然非常熟悉木匠的實作經驗（譬如鋸圓木材），或許從中「看到」這些圖形的幾何性質。從數學成就觀點來看，劉徽這一「敢不闕疑，以俟能言者」雖然不無缺憾，但是，從數學史觀點來看，劉徽的這一「不足」，卻見證了他那銳利精準的空間視覺能力，以及穿透表象、「博綜纖隱」的數學洞識。

四、結語

　　在張家山漢簡《筭數書》（埋葬於西元前 186 年，墓主是秦漢小吏）出土的情況下，我們對於有朝一日考古

---

❹　這一原理不只用以核證 (justify)，也用以發現 (discover)。其實，阿基米德、劉徽及祖沖之父子，都曾運用了類似原理。對於劉徽來說，「從方亭（截頂方錐）求圓亭（截頂圓錐）之積，亦猶方幂中求圓幂」，亦即已知方亭體積公式，當然可以利用此一原理發現並證明圓亭的體積公式了。

挖掘到劉徽墳墓，也可以寄予合理的期待！假想有這麼一天，我們現代人有機會重新為劉徽樹立墓碑，那麼，某某堂啦，顯考啦，孝男某某等三大房啦等等，應該不會出現才是。如果數學史家有資格置喙，我認為劉徽或許樂意模仿傳說中阿基米德的墓碑——在圓柱體中，內切一個球體和圓錐體，在他自己的墓碑上，刻出一個正立方體，其中內切一個牟合方蓋形和一個球體，再附帶寫上一個比率：$6:4:\pi$，或者刻上中文：「按合蓋者，方率也，丸居其中，即圓率也。」

從墓碑或紀念銅像，我們可以看到數學文化的某些有趣圖像。偉大數學家所以不朽，不在於他有沒有子孫或有多少子孫，而在於他（她）所留下的遺產。數學知識的這種歷久彌新之特性，一千七百多年前的劉徽，為我們作了最佳見證！

另一方面，劉徽的完全掌握「卡瓦列利原理」對我們來說，充滿了認知面向的啟發。顯然基於此一原理，他不僅證明了許多體積公式（載《九章算術》第五章〈商功〉），而且他還利用了此一原理，「發現」了方蓋形。從數學教學的觀點來看，劉徽的進路無疑是所謂的「引導式再發現」（guided re-discovery）的最佳案例，值得我們取法。

◇參考文獻

1. 李繼閔 (1992)，《《九章算術》及其劉徽注研究》，臺北：九章出版社。

2. 洪萬生 (2004)，〈三國 π 裡袖乾坤〉，《科學發展》第 384 期，頁 69–74。

3. 洪萬生、林倉億、蘇惠玉、蘇俊鴻合著 (2006)，《數之意義：中國數學史開章《算數書》》，臺北：臺灣商務印書館。

4. 洪萬生 (2007)，〈阿基米德的現代性：再生羊皮書的時光之旅〉，《科學月刊》第 38 卷第 9 期，頁 706–710。

5. 郭書春 (2001)，《匯校九章算術》，瀋陽：遼寧教育出版社／臺北：九章出版社。

6. Van der Waerden, B. L. (1983), *Geometry and Algebra in Ancient Civilizations*, NY: Springer-Verlag.

7. Wagner, Donald (1978), "Liu Hui and Tsu Keng-chih on the Volume of a Sphere", *Chinese Science* 3: 59–79.

求一與占卜

中國剩餘定理的歷史場景

楊瓊茹

一、前言

　　遊覽數學史這座寶山，目不暇給的數學風景呈現眼前，令人心曠神怡。尤其，一些非常有趣的多元發現案例，總是帶給我們意外的驚喜！例如：中國《孫子算經》（西元第 5 世紀）「物不知數」題與義大利《計算書》(*Liber Abaci*, 1202)「占卜」題的相似性，就很值得深入探索。在時空差距甚大的場景下，它們竟然有著「幾乎一致」的內容，其中是否經歷數學文化的交流？或者純粹是巧合、各自獨立發展的結果？甚至是否源自於另一個共同的數學文化？它們又各自產生了什麼影響？諸如這樣的問題，始終都能引起數學史家的注意及興趣。

　　在本文中，我們先針對中西文本進行比較，再說明相關的歷史場景，以及可能交流的議題。現在，就讓我們開始這趟數學之旅吧！

二、文本對比

首先，讓我們引述中國《孫子算經》中「物不知數」題：

今有物不知其數，三三數之賸二，五五數之賸三，七七數之賸二，問物幾何？

答曰：二十三。

術曰：三三數之賸二，置一百四十；五五數之賸三，置六十三；七七數之賸二，置三十。并之得二百三十三。以二百一十減之，即得。凡三三數之賸一，則置七十，五五數之賸一，則置二十一，七七數之賸一，則置十五。一百六以上，以一百五減之，即得。

接著，我們再看義大利《計算書》中的「占卜」題。

圖1
《孫子算經》中物不知數問題

在這一類所謂的「占卜」(divination) 題目中，此書作者斐波那契 (Fibonacci，約 1170–1250) 以下列問題作為開場白:「某人記得某數而不言宣，他希望你猜得出來!」其中第四題如下:

他以 3, 5, 7 除這個選定的數，而且你永遠可以問他各個除法的餘數多少。對於每一個除以 3 餘數為 1 的數，請你記住 70; 對於每一個除以 5 餘數為 1 的數，請你記住 21; 對於每一個除以 7 餘數為 1 的數，請你記住 15。而且只當總數超過 105 時，你就把 105 扔掉，剩下來的就是 (他一開始) 所選定的數。例如說吧，在除以 3 而餘數 2 時，你要記住兩倍 70，也就是 140; 由此你拿走 105 的話，就會有 35 留給你。而在除以 5 而餘數 3 時，你要記住三倍 21，也就是 63，此數加到前述 35，將得到 98。在除以 7 而餘數 4 時，你要記住四倍 15，也就是 60，此數加到前述 98，將得到 158。最後，從 158 你扔掉 105，所剩下來的 53 將是所選定的數。

一個更巧妙的「占卜」將可由此方法引出，這也就是說，利用此法，如果任何人私下選定某數，那麼，你只要問他這個數按順序除以 3, 5, 7 之後的餘數，基於前述的理由，而且你就可以得知某數究竟多少了。

針對這兩則文本，我們先嘗試運用現代數學符號，來翻譯它們各自的解法。

《孫子算經》的「物不知數」題：

$$N \equiv 2(\bmod 3) \equiv 3(\bmod 5) \equiv 2(\bmod 7)$$
$$\Rightarrow N = 70 \times 2 + 21 \times 3 + 15 \times 2 - 105 \times 2 = 23$$

請注意其中，3, 5, 7 稱為「模數」（module）。"$N \equiv 2(\bmod 3)$" 讀作「對模數 3 來說，N 與 2 同餘」，亦即 N 除以 3 其餘數為 2。此處，我們利用了高斯所引進的同餘記號："$\equiv$"。

《計算書》的「占卜」題：

$$N \equiv 2(\bmod 3) \equiv 3(\bmod 5) \equiv 4(\bmod 7)$$
$$\Rightarrow N = (70 \times 2 - 105) + 21 \times 3 + 15 \times 4 - 105 = 53$$

顯然，兩者共同都有的解題進路如下：

$$N \equiv R_1(\bmod 3) \equiv R_2(\bmod 5) \equiv R_3(\bmod 7)$$
$$\Rightarrow N = 70 \times R_1 + 21 \times R_2 + 15 \times R_3 - 105T$$

其中 T 是使 N 為最小正整數的數。

就數學表徵來看，這兩者是一致的，雖然被 7 除的餘數以及在扣除 105 的順序不同，然而，對解題的概念並無影響，這是因為兩者皆掌握到此題技巧性解法的關

鍵數字 70、21、15 與 105❶，並不需要嚴謹的數學理論做基礎，或許靈光一現的機智就足夠了。另一方面，從文字形式上，我們很容易發現「物不知數」題呈現著中國數學的特色：給實際題目，再給解法，沒有證明。相較之下，《計算書》的「占卜」題是要去「造」一個「數」，先給出原則，再舉例子說明。兩者的出發動機似乎不同。還有，《計算書》的「占卜」題的說明順序，閱讀起來也比較容易理解。

三、歷史場景與交流問題

利用現代符號對古代數學文本進行「翻譯」，我們可以掌握到相關的數學知識之特性。然而，倘若只是數學符號式的一味對比，卻不能完全幫助我們重建過去所發生的歷史事件。我們必須為它再穿上「文獻」的外衣，並且放回它們各自的社會、文化的脈絡下，去貼近問題的內在層面，如此才可能更好地理解它的歷史意義。

在中國這一方面，「物不知數」題這個膾炙人口的數學名題，首次出現在《孫子算經》卷下第二十六問。本書作者孫子是誰，我們無從得知。有人草率認定他與《孫子兵法》作者有關，顯然是無稽之談！有關它的編纂年代，

---

❶ 因為 70 可被 5 及 7 整除，但被 3 除餘 1；21 可被 3 及 7 整除，但被 5 除餘 1； 15 同理。

可能在西元 5 世紀左右。它詳述籌算制度、乘除法則、分數算法、開平方算法，是一本為初學者而作的啟蒙讀本。除了「物不知數」題之外，本書卷下還有兩個問題，也很值得我們注意。先是第三十一題，其問、答（解法省略）如下：

> 今有雞兔同籠，上有三十五頭，下有九十四足。問雞、兔各幾何？
>
> 答曰：雞二十三；兔一十二。

其次，則是第三十六題及其解法：

> 今有孕婦行年二十九，難九月，未知所生？
>
> 答曰：生男。
>
> 術曰：置四十九，加難月，減行年。所餘，以天除一，地除二，人除三，四時除四，五行除五，六律除六，七星除七，八風除八，九州除九。其不盡者，奇則為男，偶則為女。

本題之「占卜」當然是無稽之談，不過，一直到 1980 年代，我們在黃曆書上都還可以看到類似問題，足見它的流傳之廣。

至於「物不知數」問題所以受到重視，史家錢寶琮（1892–1974）認為很可能是出自當時大文學家「上元積

年」計算需求❷。其實，印度人對同餘式問題有興趣的理由也跟中國相同。中國宋代學者周密（1232–1298）將此題稱作「鬼谷算」，並作隱語詩，以便利一般人記誦算法：

> 三歲孩兒七十稀，五留廿一事尤奇；
>
> 七度上元重相會，寒食清明便可知❸。

另一方面，秦九韶（大約 1202–1261）在他的著作《數書九章》(1247) 中，將此問題推廣到任意的模數（非兩兩互質）及餘數。至於此求解的方法，就稱為「大衍總數術」，是先將模數化為兩兩互質，再用「大衍求一術」去求解，集大成了相關的理論和算法。

在西方這一邊，《計算書》出自義大利數學家斐波那契之手。有關斐波那契，最有名的故事，竟然也跟「兔子」有關。事實上，這是後世所謂的「斐波那契數列」之濫觴：

1, 1, 2, 3, 5, 8, 13, 21, 34, 55, 89, 144, 233, 377 …

這個數列的「定義方式」出自兔子「繁殖」問題：

---

❷ 假定遠古某一個時刻各種天文週期（日、月、五星）恰好處於同一個起點，此起點稱為上元。自上元到今年所經過的年數稱為「上元積年」。

❸ 鬼谷算中的「上元」，指的是正月 15 元宵節；「寒食」指的是清明節前 1 天，冬至與寒食相差 105 天左右。

假設有一對（公、母）兔，1 月底生產一對（公、母）兔，如此在 1 月底，共有兩對兔子。再假設每一對新生兔子兩個月後可以生產一對兔子，那麼，在 2 月底共有三對兔子。至於到了 3 月底時，有兩對兔子可生產新生兔子，故共有五對兔子，等等。

這個數列是很多科普作家的最愛，讀者如有興趣，不妨自行探索它與巴斯卡三角形（Pascal Triangle，或稱「賈憲三角」）的關係，以及它的後、前項之比所成之數列，收斂到黃金分割比：設此一數列的一般項為 $a_n = a_{n-1} + a_{n-2}$，$n \geq 3$，則數列 a_n / a_{n-1} 收斂，而且恰好是 $(1 + \sqrt{5})/2$。

斐波那契出生於比薩（Pisa，原名為比薩的李奧那多（Leonardo of Pisa））。他年輕時相當著迷於數學，曾利用在地中海地區經商之便，跟阿拉伯人學習算術，掌握印度——阿拉伯數碼與其演算，也遊歷過埃及、敘利亞、希臘、西西里和普羅旺斯等地，並和當地學者討論數學。回到比薩後，他即編著《計算書》，其中包含了他認為最好的印度、阿拉伯和希臘的方法。本書問世後頗受好評，流傳相當廣泛。後來，他也應聘任教於比薩大學，並成為神聖羅馬皇帝費特烈二世（Frederick II）宮廷的常客。史家都認為他的《論平方數之書》（*The Book of Squares*）（數論著作），就是在這個背景下寫成的。而它也充分反

映此一宮廷的知識雅好，堪稱是中世紀歐洲統治階層的奇蹟。

　　繼斐波那契之後，西方數學家如玉山若干（Regiomontanus 或 Johann Müller）、歐拉 (Euler)、拉格朗日 (Lagrange)、高斯等人，也相繼研究一次同餘組問題。不過，「物不知數」問題，經由南宋秦九韶的一般化解法，的確是德國高斯於 1801 年所發表的相關定理之先聲，因此，西方國家稱此類型的問題為「中國剩餘定理」(The Chinese Remainder Theorem)，的確是名實相符。至於孫子與秦九韶的貢獻，則多虧了傳教士偉烈亞力 (Alexander Wylie) 1856 年在 *North China Herald*（《北華捷報》）所發表的論文 "Jottings on the Science of the Chinese Arithmetic"（《中國算術論叢》）。本文先翻譯成德文，再翻譯成法文，在歐洲學術界流傳甚廣，因此，此一定理最後冠上「中國的」(Chinese) 並且出現在歐美一般的數論或代數教科書上，才顯得那麼水到渠成吧。

　　現在，且讓我們說明中國剩餘定理如何與秦九韶的「求一」有關了。中國剩餘定理當然涉及下列一次同餘式的聯立解：

　　$N \equiv R_i (\mathrm{mod}\, m_i)$, $i = 1, 2, 3, \cdots, n$

　　且當 $i \neq j$, m_i, m_j 互質

如令 $M = \coprod_{i=1}^{n} m_i$（乘積），則存在有 K_i，

使得

$$K_i\frac{M}{m_i} \equiv 1(\mathrm{mod}\,m_i),\ i = 1,\ 2,\ 3,\ \cdots,\ n$$

於是

$$N \equiv \sum_{i=1}^{n} K_i\frac{M}{m_i}R_i(\mathrm{mod}\,M)$$

即為所求。這裡解法的關鍵，正如前文所述，當然就在於如何轉換成為「求一」的問題了。至於如何求一呢？請看秦九韶的「大衍求一術」：

> 大衍求一術云：置奇右上，定居右下，立天元一於左上。先以右上除右下，所得商數與左上一相生，入左下。然後乃以右行上下，以少除多，遞互除之，所得商數隨即遞互累乘，歸左行上下。須使右上末後奇一而止，乃驗左上所得，以為乘率。

例如： $K \cdot 20 \equiv 1(\mathrm{mod}\ 27)$

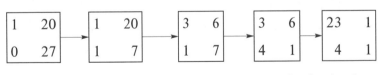

$27 = 1 \times 20 + 7 \quad 20 = 2 \times 7 + 6 \quad 7 = 1 \times 6 + 1 \quad 6 = 5 \times 1 + 1$

$1 \times 1 + 0 = 1 \quad\quad 2 \times 1 + 1 = 3 \quad\quad 1 \times 3 + 1 = 4 \quad 5 \times 4 + 3 = 23$

所以得到 $K = 23$。

　　事實上，秦九韶對於「物不知數」題的延拓，還涉

及非整數的模數，這是目前所謂的「中國剩餘定理」的版本之所缺，值得我們注意。

四、結語

現在，讓我們來面對「物不知數」題的交流問題。就數學內容的相似性來看，我們很難抗拒其中有數學交流的猜測。由於現存的《孫子算經》為 1213 年或其後問世的南宋印刷本，至於《計算書》則出版於 1202 年，因而究竟誰抄襲了誰?或者彼此獨立發展?在沒有明確的證據之前，這個答案的空間仍是極為寬廣，有待深入的求證與研究。

其實，不論中西方的數學是否曾經交流，這些數學想法都呼應了各自文化的需求，甚至在各自文化中生根發芽，從而也對後代產生影響。所以，在面對此題之優先權問題時，我們不妨放慢腳步，欣賞在脈絡下所呈現的數學文化容顏，也許時間沉澱之後，會還給歷史一個答案吧!

◇參考文獻

1. 吳文俊主編 (1987)，《秦九韶與《數書九章》》，北京：北京師範大學出版社。

2. 洪萬生 (2001)，〈當斐波那契碰上孫子〉，《HPM 通訊》第 4 卷第 1 期，頁 1–2。

3. 洪萬生 (2006)，《此零非比 0：數學、文化、歷史與教育文集》，臺北：臺灣商務印書館。

4. 劉鈍 (1993)，《大哉言數》，瀋陽：遼寧教育出版社。

5. 孫子 (1993)，《孫子算經》，收入郭書春主編，《中國科學技術典籍通匯・數學卷一》，鄭州：河南教育出版社。

6. 楊輝 (1993)，《楊輝算法》，收入郭書春主編，《中國科學技術典籍通匯・數學卷一》，鄭州：河南教育出版社。

7. 程大位 (1993)，《算法統宗》，收入郭書春主編，《中國科學技術典籍通匯・數學卷二》，鄭州：河南教育出版社。

8. Libbrecht, Ulrich (1973–2005), *Chinese Mathematics in the Thirteenth Century*, Mineola/NY: Dover Publications, INC.

9. Sigler, L. E. (2002), *Fibonacci's Liber Abaci: A Translation into Modern English of Leonardo Pisano's Book of Calculation*, NY: Springer-Verlag.

10. Wylie, Alexander (1897), "Jottings on the Science of the Chinese Arithmetic", *Chinese Researches* (Shanghai), pp. 159–194. （洪萬生案：本書於 1988 年由紐約城市大學 Arnold Koslow 教授惠贈，謹此誌謝。）

7—9 世紀

《可蘭經》裡的遺產

 代數學

蘇意雯

一、前言

911 事件之後，人們對恐怖活動聞之色變。在以歐美為主流的傳統氛圍下，回教文化似乎總是披覆著一層神秘的面紗。事實上，回教、佛教和基督教並列為世界三大宗教，數學發展中獨特的遺產分配問題，也是伊斯蘭世界的一個特色。究竟穆斯林的傳統為何？數學家阿爾・花剌子模 (Mohammed ibn Mûsâ al-Khowârizmî) 竟可把代數應用於其民族的遺產法則？

本文將根據《可蘭經》(Koran，又譯《古蘭經》) 的內容，希望能忠實為讀者呈現穆斯林處理遺產分配的律則，還原歷史風貌。並從阿爾・花剌子模的代數著作，引述阿拉伯的遺產分配問題。在進入文本之前，先對伊斯蘭文化有一些認識。

二、穆斯林簡介

回教在阿拉伯語中，稱為「伊斯蘭」。由於在中國唐朝時，經由回紇人傳入中國，因此中國人通稱為回教。「伊斯蘭」的原意為「順服」，其教徒稱為「穆斯林」，意為「順服者」。穆罕默德 (570–632) 在 40 歲那年，接獲真主安拉的啟示，成為其使者，負起傳教的使命。當時麥加人為多神崇拜，和穆罕默德主張宇宙間只有一神，力倡破除偶像的觀念不同，因此激怒了一般傳統信仰的人。

穆罕默德在艱困的環境下於麥加傳了 13 年的教義，才率領教眾遷徙到較為歡迎回教教義的麥地那。這於回教史上影響相當深遠，因為從此回教勢力才得以急遽增長，後來收復麥加，並在 622 年建立一個政教合一的國家，這一年也就是回教元年。穆罕默德去世後不久，這些天啟被收集和編輯成《可蘭經》。這部伊斯蘭教的根本經典，被視為真主的言語。

伊斯蘭教法屬於阿拉伯伊斯蘭法系中的法，理論根源主要是《可蘭經》律例、聖訓律例、類比和公議。所謂的聖訓是指穆罕默德生前的言行錄，公議是指全體穆斯林社團就重大問題的一致意見，由權威法學家們協商確認作為法律術語。而類比就是當某一有爭議性的問題在經、訓中無直接原文可依時，才由精通經、訓知識的

權威教法學家們運用理智推導結論，並經公議核准，產生法律效力。《可蘭經》律例主要散見於〈麥地那篇章〉，其中較為集中的是第四章〈婦女章〉和第二章〈黃牛章〉。關於律例的經文一般並不很長，但範圍相當廣泛。其中涉及婚姻、家庭事務的，包括結婚、離異、夫妻雙方各自的權利和義務、遺囑、遺贈、法定繼承、遺囑繼承等，而這正是，我們所要討論的主題。

三、《可蘭經》中的遺產律則

《可蘭經》第四章為〈尼薩〉，即〈婦女章〉，共一百七十六節。與遺產分配有關的，如下所列（序號為原編號）：

7. 無論男、女，皆可分得父母和近親遺下的一部分，無論多少，這是規定。

8. 分配遺產時，如有遠親、孤兒或貧窮的人在場，要贈給他們一部分，並對他們說好話。

11. 安拉為你們的子女囑付你們：分配遺產給子女時，一男所得等於二女，若是兒子有兩個以上，則得所遺下的三分之二。若是僅女兒一人，則得半數。如果兒子有子嗣，則父母各得他遺下的六分之一；若無子嗣，父母繼承他，母親得三分之一。如果他有

弟兄，則母親得六分之一，但都必須先付出贈與或還清債務。因為你們的父母和子女是與你們休戚相關的，所以安拉會有這樣的規定，安拉實是深知的，明哲的。

12.無子嗣時，丈夫獲得妻室所遺的半數。如果有子嗣，丈夫就獲得妻室所遺的四分之一；若無子嗣，妻室獲得丈夫所遺的四分之一；如有子嗣，妻室就獲得丈夫所遺的八分之一。如果一個男子或女子有遺產而無子女，但有一弟（兄）或姐（妹），就各獲所遺的六分之一。如果兄弟姐妹的人數超過兩位，他們就共分三分之一。但也都必須先付出贈與或還清債務。這是安拉的規定，安拉是深知的，仁厚的。

由上述可知，《可蘭經》針對遺產的繼承，規定了如何分配的辦法。有關遺產分配的條文，在教法經上另有詳細解說。這是伊斯蘭的一種專門學問。除了法學經上粗言大概外，尚有特輯，詳解遺產繼承法。在如此的文化背景下，無怪乎遺產分配問題成為阿拉伯數學的一個特色。總之，穆斯林的遺產分配，有一定的準則以供遵循。

此外，阿拉伯世界存在把財產遺贈予陌生人的習俗，但是遺贈所得以不超過全部遺產的 1／3 為原則。一旦超

過了，則必須經過繼承人的同意。萬一只有部分的人同意，那麼，那些同意者便必須平均分攤超出 1／3 的部分。在扣除陌生人所得的遺產後，其餘的部分，配偶可得 1／4，剩餘的 3／4 由兒子和女兒以 2 比 1 的比例分配。當遇到兒子向父親借貸的情形，在分配上，最差的情況就是這個兒子拿不到遺產，即是以所得遺產與借貸的錢數抵消，並不需向其他繼承人償還不足的金額。簡單言之，我們可以用下表表示《可蘭經》中的遺產分配原則：

男子死亡

1.無子嗣：

　妻子得（總遺產值 − 債務總值 − 贈與總值）× 1／4

　母親得（總遺產值 − 債務總值 − 贈與總值）× 3／4 × 1／3

　父親得（總遺產值 − 債務總值 − 贈與總值）× 3／4 × 2／3

2.有子嗣：

　妻子得

　（總遺產值 − 債務總值 − 贈與總值）× 1／8 …… A

　父母各得

　（總遺產值 − 債務總值 − 贈與總值）× 1／6 …… B

　兒子得

　（總遺產值 − 債務總值 − 贈與總值 − A − 2B）× 2／3

　女兒得

　（總遺產值 − 債務總值 − 贈與總值 − A − 2B）× 1／3

若有兩個以上的兒子，則共得

（總遺產值－債務總值－贈與總值－A－$2B$）×$2/3$

若只有一個女兒，女兒得

（總遺產值－債務總值－贈與總值－A－$2B$）×$1/2$

女子死亡

1. 無子嗣：

丈夫得（總遺產值－債務總值－贈與總值）×$1/2$

母親得（總遺產值－債務總值－贈與總值）×$1/2$×$1/3$

父親得（總遺產值－債務總值－贈與總值）×$1/2$×$2/3$

2. 有子嗣：

丈夫得

（總遺產值－債務總值－贈與總值）×$1/4$……C

父母各得

（總遺產值－債務總值－贈與總值）×$1/6$……D

兒子得

（總遺產值－債務總值－贈與總值－C－$2D$）×$2/3$

女兒得

（總遺產值－債務總值－贈與總值－C－$2D$）×$1/3$

若有兩個以上的兒子，則共得

（總遺產值－債務總值－贈與總值－C－$2D$）×$2/3$

若只有一個女兒，女兒得

（總遺產值－債務總值－贈與總值－C－$2D$）×$1/2$

遺贈相關規定

　　遺贈總值不得超過總遺產值的1/3，如果超過了，則必須徵得繼承人的同意，如果僅有部分繼承人同意，則超出的部分由同意的人平均分配。

借貸相關規定

　　兒子向父親借貸，則直接從繼承的遺產值扣繳貸款即可，若貸款總值超出繼承遺產值，則直接以遺產抵消貸款，不足的部分也無須再補差額。

　　知道了《可蘭經》中針對遺產的分配原則之後，以下，我們就以阿爾‧花剌子模的數學問題作為說明。

四、遺產問題詳解

　　第一題是簡單的遺產分配，考慮繼承人即可：

　　　　一位婦女過世，留下她的丈夫，一個兒子和三個女兒，本目標是要用分數表示每一位繼承人各能分得的資產。

　　想法：阿爾‧花剌子模把扣除掉丈夫所分得資產後的 3/4 分成 5 個部分，2 份給兒子，3 份給女兒們。因為 4 和 5 的最小公倍數是 20，所以，這份資產可以分成 20

等分，丈夫得 5 份，兒子取 6 份，每個女兒分得 3 份。

詳細算式如下：

配偶（丈夫）所得

$$= (總遺產值 - 贈與總值) \times \frac{1}{4}$$

$$= (總遺產值 - 0) \times \frac{1}{4}$$

$$= 遺產總值 \times \frac{5}{20}$$

又兒子所得為女兒的 2 倍，故兒子得

$$遺產總值 \times (1 - \frac{1}{4}) \times \frac{2}{5} = 遺產總值 \times \frac{6}{20}$$

每個女兒得

$$遺產總值 \times (1 - \frac{1}{4}) \times \frac{3}{5} \times \frac{1}{3} = 遺產總值 \times \frac{3}{20}$$

第二題加入了把財產遺贈給陌生人的情況：

> 一位婦女過世，留下丈夫、兒子和二個女兒，但她也遺贈給一位陌生人總資產的 $\frac{1}{8} + \frac{1}{7}$，計算每一位繼承人各能分得的資產部分。

想法：因為 $1/8 + 1/7 \leq 1/3$，所以可以直接分配給繼承人。如前一個問題，所分得法定資產的公分母為 20。在陌生人的部分（$1/8 + 1/7 = 15/56$）取走後，剩下 41/56 的資產。於是陌生人所得與家庭成員共得部分的

比為 $(15/56):(41/56) = 15:41$。因此，對於整個資產，陌生人將得到 15 份對比於自然繼承人的 41 份。為了計算方便，我們把兩數都乘上 20，所以總數為 $20(15+41) = 20 \times 56 = 1120$ 份，其中陌生人拿了 $20 \times 15 = 300$ 份，繼承人共得了 $20 \times 41 = 820$ 份。在這一部分，丈夫得了 $1/4$，就是 205 份，兒子是 $6/20$，就是 246 份，另外每一個女兒獲得 123 份。

詳細算式如下：

假設遺產總值為 1，遺贈部分為

$$\frac{1}{8} + \frac{1}{7} \leq \frac{1}{3}$$

所以可以直接分配遺產，不需繼承人同意。又

$$遺贈的部分 = \frac{1}{8} + \frac{1}{7} = \frac{15}{56}$$

因此丈夫可分得的遺產為

$$(總遺產值 - 贈與總值) \times \frac{1}{4}$$

$$= (1 - \frac{15}{56}) \times \frac{1}{4} = \frac{41}{56} \times \frac{1}{4} = \frac{41}{224}$$

兒子得

$$(1 - \frac{15}{56}) \times (1 - \frac{1}{4}) \times \frac{2}{5} = \frac{41}{56} \times \frac{3}{4} \times \frac{2}{5} = \frac{123}{560}$$

每個女兒得

$$(1 - \frac{15}{56}) \times (1 - \frac{1}{4}) \times \frac{3}{5} \times \frac{1}{3}$$

$$= \frac{41}{56} \times \frac{3}{4} \times \frac{3}{5} \times \frac{1}{3} = \frac{123}{1120}$$

所以丈夫所得：兒子所得：每位女兒所得
= 205:246:123。

第三題就更複雜了，其中牽涉到借貸的情況：

> 有一人過世，身後留下二子，並且要把資本的三分之
> 一遺贈給一位陌生人。而他共留下了 10 金幣以及對
> 於其中一子 10 金幣的要求（即其中有一子欠父親 10
> 金幣）。

想法：如同前面列舉的條律規定，如果兒子所欠父
親的債務總值，大於其所能分配到的遺產，則分家產
時，他並不需要再拿錢出來，讓兩者一筆勾銷即可。
所以，我們只需考慮所得的遺產金額與償還金額相等
的情形。

由於要求的是兒子拿到的遺產與所償還的金額相
等，把此值用 thing 來表示（用特定的文字代表未知
數，這也是阿爾·花剌子模代數的一項特色），加上 10
金幣的資本，於是，遺產總值變成 10 + thing。其中財
產的 1 / 3，即

$$\frac{1}{3}(10 + \text{thing}) = 3\frac{1}{3} \text{ 金幣} + \frac{1}{3}\text{thing}$$

贈與出去，剩下的

$$\frac{2}{3}(10 + \text{thing}) = 6\frac{2}{3} \text{ 金幣} + \frac{2}{3}\text{thing}$$

分給兩個兒子。若用現代的代數符號，可表示為

$$\frac{2}{3}(10 + x) = 2x$$

即 $x = \text{thing} = $ 債務人所能償還出的數額 = 每個兒子所能分得的遺產。所求出來的 5，即表示借貸總值在 5 金幣以內皆可以分到遺產；若借貸總值大於或等於 5 金幣，則拿不到遺產。再舉個例子，若兒子只向父親借 4 金幣而不是 10 金幣，那麼，他將可分得 2/3 金幣的現金。因為

$$\frac{1}{3}(4 + 10) = \frac{14}{3}, \frac{14}{3} - 4 = \frac{2}{3}$$

而另一子和陌生人都可得 4 又 2/3 金幣。

詳細算式如下：

假設 x 是分給一個兒子的遺產，則 x 也就等於是兒子所能償還父親的錢，再加上父親原有的 10 金幣，因此遺產共有 $(10 + x)$ 金幣。由於已經把遺產的 1/3 分給陌生人，因此兩個兒子共得遺產的 2/3。故兩個兒子獲得的遺產總共是

$$\frac{2}{3}(10 + x) = 2x, 20 + 2x = 6x, 4x = 20, x = 5$$

五、文化不離數學，數學不離文化

由本文論述可知，數學問題離不開社會文化歷史脈絡。經由數學史，吾人當可多少體會：任何一個文明決定哪一個特別的知識分支值得堅持，並不是一件容易的事。因此，尊重包容他人的研究，承認不同脈絡各有其需求和目的，以及瞭解每個社會對今日數學的整體知識都有重要的貢獻等等，這種多元文化維度的思考，的確有其必要性。誠然，在遺產分配問題之背後，竟有如此豐富的文化背景，這或許也是數學的迷人魅力之所在吧。

◇參考文獻

1. 王靜齋譯 (1964)，《古蘭經譯解》，臺北：中國回教協會。

2. 中國社科院世界宗教研究所伊斯蘭教研究室 (1991)，《伊斯蘭教文化面面觀》，濟南：齊魯書社。

3. 定中明 (1973)，《回教黎明史》，臺北：華岡出版部。

4. 洪萬生 (2001)，〈當斐波那契碰上孫子〉，《HPM 通訊》第 4 卷第 1 期，頁 1–2。

5. 第・博雅 (臺灣商務印書館編審部譯) (1986)，《回教哲學史》，臺北：臺灣商務印書館。

6. 熊振宗 (1982)，《穆罕默德傳》，臺北：中國文化大學出版部。

7. 劉恩霖 (1985)，《回教世界》，臺北：圖文出版社。

8. 蘇意雯 (2001)，〈遺產問題與阿拉伯數學史〉，《HPM 通訊》第 4 卷第 5 期，頁 4–7。

9. 蘇意雯 (2001)，〈再談阿拉伯數學中的遺產分配〉，《HPM 通訊》第 4 卷第 11 期，頁 2–4。

10. Berggren, J. L. (1986), "The Islamic Dimension, Problem of Inheritance", in *Episodes in the Mathematics of Medieval Islam*, pp. 63–67, NY: Springer-Verlag.

11. Karpinski, L. C. (1915), Preface and Additions Found in the Arabic Text of Mohammed ibn Mûsâ al-Khowârizmî's Algebra, in *Robert of Chester's Latin Translation of the Algebra of Mohammed ibn Mûsâ al-Khowârizmî*, pp. 45–48, NY: The Macmillan Company.

數學與宗教

◈ 緣督子趙真人的算學成就

洪萬生

一、前言

　　喜愛金庸武俠小說《射鵰英雄傳》的讀者，大概都對全真七子不陌生。其實，在該小說中，金庸布置了黃蓉與瑛姑的數學難題對話，藉以介紹中國宋金元時期的數學。這些故事純屬虛構，所涉數學知識也不盡然符合史實。不過，全真教重視數學的研究，卻是不爭的事實。這種數學與宗教之互動關係，提供了 13 世紀中國數學黃金時代的社會背景，從而豐富了我們對中國數學史學的理解。

　　數學與宗教的關係，是一般數學史家較少觸及的議題。相對地，在西方科學史的論述中，宗教迫害一直都是相當熱門的主題，例如伽利略受審，就一直是科學史家關注的焦點，這是因為科學假設涉及宇宙論，而不可避免地衝擊了宗教信仰。至於數學呢，由於數學知識可

以不指涉實在（reality），所以，數學家比較容易從信仰領域脫身，除非數學家介入宮廷權力鬥爭。平心而論，像16世紀義大利數學家卡丹諾（Girolamo Cardano, 1501–1576）因為排列耶穌的命宮圖而下獄的例子並不多見。

另一方面，在歷史上，宗教組織的世俗化程度不一，對於數學的影響，也難以通盤評估。比如說吧，唐代中國一行和尚（俗家名張遂）的天文數學素養，被認為得自印度佛僧的真傳。然而，印度天文學與數學伴隨著佛教傳入中國之後，究竟對中算影響多大，目前還是見仁見智，一時之間恐怕難有定論。再如道教與中國科學之關係，雖然有李約瑟的大力鼓吹，不過，在他與合作者之鉅著《中國之科學與文明》（*Science and Civilisation in China*）中，卻缺乏足以令人信服的系統性論述。

儘管如此，中國元代趙友欽（號緣督子，1271–1335?）在全真道觀中研究

圖1
緣督子趙真人，明版道藏之插圖，
現藏於臺北故宮

算學，卻是數學 vs. 宗教的一個最佳例證。有關他的生平事蹟，我們多虧了琅元（Alexei Volkov）教授的研究成果，事實上，趙友欽畫像（圖 1），就是他從臺北故宮博物院圖書館搜尋的結果。同時，他也追溯了趙友欽的學術傳承，為我們還原了中國金元時期的學術與全真教的互動關係。

在本文中，筆者將引述這些有趣的歷史故事，而且，也將舉例說明趙友欽的數學成就，亦即他如何驗證祖沖之的圓周率估計值 3.141592，俾便理解他的宗教事業如何有利於數學研究。

二、趙友欽的全真世界

趙友欽精通經學、天文曆法、光學及經緯數術。他師承張模（號紫瓊子），再往上追溯李珏（號太虛子）及宋德方（1183–1247）。而後者就是全真七子馬鈺（1123–1183）與丘處機（1148–1227）的徒弟。

一提到全真七子，當然必須說明王重陽（1113–1170）如何創立全真教。金世宗大定 7 至 9 年（1167–1169），王重陽以寧海全真堂為基地，創立全真教，訓誨會眾「悟理莫忘三教語，全真修取四時春」，勸人誦讀《般若波羅密多心經》、《道德清靜經》和《孝經》等儒釋道經典。事實上，他的教義是在《道德經》的基礎上，

融會三教「理性命之學」。這種主張，呼應了自從北宋以來，很多學者有關三教合一的社會文化思潮。因此，全真教在12、13世紀受到華北地區士人的矚目，是很容易理解的事實。另一方面，由於王重陽家業豐厚，自幼酷嗜讀書，才思敏捷，此外，他還練習弓馬武術，臂力過人，西元1138年，他曾參加金初科舉武試，考中甲科。因此，小說家金庸描述他們師徒都是武林高手，當然不無可能。

另一方面，全真教也繼承了北宋陳摶 (？–989) 易理象數的研究傳統，以及《無極圖》所代表的道教內丹修持。事實上，王重陽將「仙」與「全真」聯繫起來，改革道教對於神仙「白日升天，長生不死」的信仰。同時，他也認為全真之意是「全其本真」，以「澄心定意，抱元守一，存神固氣」為真功，目的在保全作為人性命的根本要素——精、氣、神。基於這種詮釋，信徒的內丹修持變得比較可行，因而獲得廣大群眾的信賴。另一方面，這種認知再加上道觀在亂世中所提供的庇護，全真教對於處於13世紀的士人來說，也有著莫大的吸引力。

王重陽去世前不久，先後渡化「全真七子」丘處機、譚處端 (1123–1185)、馬鈺、王處一 (1142–1217)、郝大通 (1135–1212)、孫不二 (1119–1182) 以及劉處玄 (1147–1203)，並開始向外擴散，成立會堂吸收會眾。在其鼎盛時期，全真教執掌了大蒙古國（即尚未建立蒙古

帝國之前）的國家祭典和國子學，影響文化與教育至為深遠。

不過，全真教的真正貢獻，還是 13 世紀的中國數學發展，這與道觀的庇護和贊助息息相關。譬如總結天元術（一種列方程式的代數方法）的李冶（或稱李治，1192–1279）就曾寄身道觀，與高道之士討論數學，而成就了後來的不朽貢獻。這個歷史觀察最早出自日本科學史家藪內清，儘管他似乎未曾注意到趙友欽的道士身分。現在，有了趙友欽這個案例，全真教與數學的關係，就變成了中算史上不可缺少的一頁了。

然而，有關趙友欽的生涯，我們苦於文獻不足而無法多說。目前，我們僅知他生於江西，年輕時曾有意科舉，後來巧遇杏林仙人——石得之，獲贈《九還七返丹書》一書，遂隱居十年學《易》。後來，他雲遊四處，被史家認為他頗有意謂和新道教的南北兩宗——北宗即全真教。在去世前，趙友欽將他自己的天文著作《革象新書》交給徒弟朱暉，後者再傳給徒弟章濬。我們現在所參考的版本，應該是來自章濬的印刷本。

趙友欽的算學成就收錄在他的《革象新書》之中，主要有兩個部分，其一是〈勾股測天篇〉，在此我們暫且不論，另一則是〈乾象周髀篇〉，是我們即將詳加討論的主題。

三、趙友欽如何計算 π？

在〈乾象周髀篇〉中，趙友欽一開始就評論 π 的幾個近似值，由於十分淺顯易解，直接引述如下：

> 古人謂圓徑一尺，周圍三尺，後世考究則不然，圓一而周三，則尚有餘，圍三而徑一，則為不足，蓋圍三徑一，是六角之田也。或謂圓徑一尺，周圍三尺一寸四分。或謂圓徑七尺，周圍二十二尺。或謂圓徑一百一十三，周圍三百五十五。徑一而周三一四，猶自徑多圍少，徑七而周二十二，卻是徑少周多。徑一百一十三，周三百五十五，最為精密。

其中圓徑或徑指直徑，周圍或圍指圓周，六角之田指圓內接正六邊形，至於提及之圓周率近似值則有 3、3.14、22／7、355／113。不過，他卻未提及劉徽或祖沖之等人的貢獻。根據《隋書・律曆志》的記載：

> 宋末南徐州從事史祖沖之更開密法，以圓徑一億為一丈，圓周數盈數三丈一尺四寸一分五釐九毫二秒七忽，朒數三丈一尺四寸一分五釐九毫二秒六忽，正數在盈朒二限之間。密率：圓徑一百一十三，圓周三百五十五，約率：圓徑七，周二十二。

可見，祖沖之不只提出了上述最精密近似值 355 / 113，他還進一步指出圓周率（「正數」）介於 3.1415926（「朒數」）與 3.1415927（「盈數」）之間，如此一來，圓周率之精密度可以到達小數點第六位 3.141592。至於祖沖之如何研究求得，則這一段引文過於精簡，我們無從得知。數學史家認為這有可能出自他的《綴術》，可惜，該書非常艱深以致於在北宋之後就失傳了。由此看來，趙友欽應該沒有機會參考祖沖之的方法才是。

現在回到趙友欽的〈乾象周髀篇〉。它的第二段說明如何以 100 格的格子紙來進行「割圓」。他先在 10 寸見方的「方圖之內，畫為圓圖，徑十寸圓內，又畫小方圖」，亦即在直徑為 10 寸的圓內，內接一個正方形，再依序畫出正八邊形、正十六邊形、正三十二邊形、正六十四邊形，趙友欽稱這種透過不斷二等分圓弧的方式為「曲圓」，譬如正十六邊形就是「曲十六次」的結果，「凡多一次，其曲必倍，至十二次，則其為曲一萬六千三百八十四」。也就是，曲圓到了一萬六千三百八十四次或割到圓內接正一萬六千三百八十四邊形。如此一來，一開始的正方形，就會「漸加漸展，漸滿漸實。角數愈多，而其為方者，不復方而變為圓矣」。

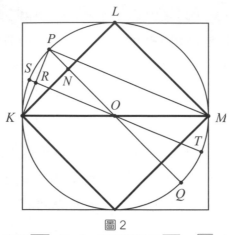

圖 2

直徑 $\overline{MK}$=10 寸，正方形邊長 $\overline{LM}$=$\sqrt{50}$ 寸

　　緊接著，在給定圓直徑 1 尺或 10 寸的前提下，趙友欽針對如何求得圓內接八邊形的邊長，提供了一個實際的計算過程。其實，他的方法也不過是畢氏定理的應用而已（圖 2），因為直徑等於圓內接正方形之對角線，所以，這一正方形的邊長為 $\sqrt{50}$ 寸 = 7.071 寸「有奇」。另外，他再從直徑（10 寸）減去正方形的邊長（7.071 寸「有奇」），得兩段「餘徑」長 2.928 寸「有奇」，取其半之後，再應用一次畢氏定理，即可算得圓內接正八邊形的一邊（「八曲之一」）長 3.826 寸「有奇」，於是，圓內接正八邊形的周長（「八曲之周圍」），即等於 8 × 3.826 寸 = 36.61（平方寸）「有奇」。

　　為了計算方便，趙友欽建議我們不妨採用大數目之

單位，譬如直徑改為「一千寸」，「然後依法而求」，如此，就可以避免過小的度量衡單位長了。

　　再接著下來，當然就是同理可推了：「以第二次做第一次，若至第十二次亦遞次相做。」不過，為了讓讀者在「遞次相做」時比較踏實一些，趙友欽先示範如何從八曲之邊以求十六曲之邊。最後，他利用遞推方式，求出圓內接正 16384 (＝ 4 × 2^{12}) 邊長為「三千一百四十一寸五分九釐二毫有奇」，這就是直徑為 1000 寸時，圓內接正一萬六千三百八十四邊的周長。現在，將它乘以 113，果然得到 355 了。顯然，趙友欽意在證明圓周率近似值 355 / 113（「徑一百一十三，周三百五十五」）「最為精密」了。

　　在上述解說中，筆者所提及的「餘徑」概念，源自魏晉劉徽注解《九章算術》，還有，劉徽以「六觚之一面」稱圓內接正六邊形的一邊，趙友欽都未仿效採用。此外，劉徽在割圓中所計算的，都是圓內接正多邊形的面積，然後，根據他所證明的圓面積公式「半周半徑相乘」求出圓周長（半徑取一個單位長），再除以直徑（兩個單位長），即可算出圓周率之近似值了。由此足見，趙友欽的「割圓術」（直接求圓內接正 4 × 2^{n} 邊形周長）是另一道路數。至於從何得來，還有待史家繼續研究。儘管如此，我們卻可以確定說，趙友欽是以所謂的「科學方法」核證 $\pi = 355 / 113$ 果然十分精密的第一位中算家，他對於

計算的高度投入，令人欽佩！

有關趙友欽的方法論，數學史家琅元的觀點也非常值得參考。他發現 16384 是使得趙友欽的 π 近似值落在祖沖之的區間 (3.1415926, 3.1415927) 的最小邊數，因此，他認為趙友欽除了核證 355 / 113 的意義之外，也有證明祖沖之估計值 $3.1415926 < \pi < 3.1415927$ 的企圖心。可惜，這個估計並非當時的熱門問題，因此，趙友欽的「割圓」對於中國元明數學家似乎沒有任何影響。

四、結語

現在，我們必須回應一個根本的問題：趙友欽的宗教信仰是否影響他的算學研究？譬如，他的無限概念有沒有受到全真教義的啟示？他所運用的迭代法 (method of iteration) 又是從何得來？根據目前的相關研究，我們還無法回答此一問題。不過，他的全真教士身分，以及全真教所擁有的豐厚文化資本，應該可以為他的算學研究取得正當性。這種有利的學術環境，在李冶的身上已經出現，儘管他還是埋怨理學家將數學貶低為「九九賤技」。

另一方面，教士身分應該也給予趙友欽從容的歲月與心情，從事數學乃至於其他學問的探索。在算學研究尚未制度化之前，古佛青燈，或許是中國古代數學家的一種生涯選擇，趙友欽顯然就是最佳例證之一。

附錄 趙友欽〈乾象周髀篇〉

古人謂圓徑一尺，周圍三尺，後世考究則不然，圓一而周三，則尚有餘，圍三而徑一，則為不足，蓋圍三徑一，是六角之田也。或謂圓徑一尺，周圍三尺一寸四分。或謂圓徑七尺，周圍二十二尺。或謂圓徑一百一十三，周圍三百五十五。徑一而周三一四，猶自徑多圍少，徑七而周二十二，卻是徑少周多。徑一百一十三，周三百五十五，最為精密。

其考究之術，畫百眼茶盤，一眼廣一寸，方圓之內，畫為圓圖，徑十寸圓內，又畫小方圖。小方以算術展為圓象，自四角之方，添為八角，曲圓為第一次。若第二次則為曲十六次，第三次則為曲三十二次，第四次則為曲六十四。凡多一次，其曲必倍，至十二次，則其為曲一萬六千三百八十四。其初之小方漸加漸展，漸滿漸實。角數愈多，而其為方者，不復方而變為圓矣。

今先以第一次言之，內方之弦十寸，名大弦，自乘得一百寸，名大弦冪。內方之句冪五十寸，名第一次大句冪。以第一次大句冪，減其大弦冪，餘五十寸，名大股冪。開方得七寸七釐一毫有奇，名第一次大股。以第一次大股，減其大弦，餘二寸九分二釐八毫有奇，名第一較。折半得一寸四分六釐四毫有奇，名第一次小句。此小句之數，乃內方之四邊，與圓圍最相遠處也。以第一次小句自乘，得二寸一分四釐四

毫有奇，名第一次小句冪。以第一次大句冪，折半得二十五寸，又折半得十二寸五分，名第一次小股冪。並第一次小句冪，得一十四寸六分四釐四毫有奇，名第一次小弦冪。開方得三寸八分二釐六毫有奇，名第一次小弦，即是八曲之一。八乘第一次小弦，得三十六寸六分一釐有奇，即是八曲之周圍也。

此一小數求之，不若改為大數，將大弦改為一千寸，然後依法而求。

若求第二次者，以第一次小弦冪就，名第二次大句冪，以第一次大股冪減其大弦冪，於為第二次大股冪。開方為第二次大股，以減其大弦，餘為第二較。折半名二次小句。此小句之數，即是八曲之邊與圓圍最相遠處也。

以第二次做第一次，若至第十二次亦遞次相做。至第十二次之小弦，以第十二次之曲數一萬六千三百八十四乘之，得三千一百四十一寸五分九釐二毫有奇，即是千寸徑之周圍也。以一百一十三乘之，果得三百五十五。故言其法精密。要之方為數之始，圓為數之終。圓始於方，方終於圓，周髀之術，無出於此矣。

◇參考文獻

1. 洪萬生 (2000)，〈全真教與金元數學：以李冶 (1192–1279) 為例〉，收入王秋桂主編，《金庸小說國際學術研討會論文集》，臺北：遠流出版社，頁 67–83。

2. Fu, Daiwie （傅大為）(1997), "Crossing Taxonomies and Boundaries: A Critical Note on Comparative History of Science and Zhao Youqin's 'Optics'", *Taiwanese Journal for Philosophy and History of Science* 5 (1) (1996–1997), pp. 103–128.

3. Volkov, Alexei （琅元）(1997), "Zhao Youqin and His Calculation of π", *Historia Mathematica* 24, pp. 301–331.

4. Volkov, Alexei (1998), "Science and Daoism: An Introduction", *Taiwanese Journal for Philosophy and History of Science* 5 (1) (1996–1997), pp. 1–58.

5. Volkov, Alexei (1998), "The Mathematical Work of Zhao Youqin: Remote Surveying and the Computation of π", *Taiwanese Journal for Philosophy and History of Science* 5 (1) (1996–1997), pp.129–189.

16 世紀

數學與「禮物交換」

◆ *文藝復興時期數學家的社會互動*

英家銘　蘇意雯

一、前言

　　在比較傳統的科普著作中，大多青睞某些偉大科學理論的創造者，而忽略一些「有血有肉的科學家」。因此，科學家常常被描繪為完全理性的研究者。在一系列的科學理論中，某個理論的問世是受到那整個系列「不斷進步」的力量所驅使，而與社會脈絡無關。數學的「進步」也常被如此描繪，比如數系由自然數不斷擴充至複數，或是在代數學中，從解二次方程式發展到證明五次以上一般方程式無根式解，這些進展在哪一年被如何發展出來，一向是科普著作常見的內容。本文希望從另一個角度切入，以三次方程式解法的歷史公案為例，來考察文藝復興時代數學家們的社會互動。首先，我們來看文藝復興時期數學從業人員 (mathematical practitioner) 的社會地位。

二、 文藝復興時期數學從業人員的社會地位

在本文中，我們所稱的「社會地位」，並不單純指財富的多寡，還包括了有多少「接近權力階層的機會」(access to power)，這也代表一個人的社會專業角色所獲得的社會合法認同的可能性，因為在中古時代後期與文藝復興時代的歐洲，一個人所擁有的社會地位，會直接影響到這個人及其專業在他人眼中的可信度。

在 15 世紀末期至 16 世紀的義大利，數學從業人員的社會階層大致可分為三類。第一類是簿記員、土地測量技師和工程石匠，他們從計算師傅那裡學習到數學並將之應用。這些屬於「計算文化」(culture of abacus) 的數學從業人員社會地位，遠低於第二類的占星醫學士。他們在大學接受過博雅教育 (liberal arts) 與醫學院的訓練，學習內容除了我們現代人觀念中的醫學之外，還包含了幾何學與占星學。他們是社會中的菁英分子。在大學任教的占星家經常會被要求編集城鎮的年度天宮圖，這是城鎮中的大事。至於第一類的基礎算術的教師，則時常被雇用為城鎮的公務測量員。所以，在當時，所謂「地上的」(terrestrial) 以及「天上的」(celestial) 數學從業人員之間的社會專業地位，存在著相當大的差距。

第三類數學從業人員是宮廷數學家。套句流行用語，他們是「金字塔頂端」的數學家。16世紀專制主義在義大利半島大幅盛行，封建領主被賦予幾乎絕對的權力。因此，被封建領主封為廷臣的數學家或科學家，不但待遇優渥，而且他們所提出的學說也會被認為是權威。換言之，他們可以說是菁英中的菁英。

既然當時的數學從業人員之間，有著巨大的社會地位差距，所以，地位的提升對他們必然有極大的誘因。但是，地位的提升從古至今都不是一件簡單的事，而當時的數學從業人員提升社會地位的方法，常常是透過禮物交換以尋求贊助。

三、贊助與禮物交換

在文藝復興時代的歐洲，想成為一位有社會地位的科學家或數學家，除了要有機會受到良好教育，還要設法得到崇高的專業地位，這常常就需要有贊助者的支持。在新科學獲得近代科學社群的社會組織（譬如1662年成立的倫敦皇家學會，Royal Society of London）的支持之前，皇室或統治者對科學家與數學家的贊助，是支持學術研究的一股重要力量。

運用「禮物交換」的手段，以換取得到贊助的機會，或是被引薦至社會地位更高的工作，是當時的科學或數

學從業人員經常使用的方法。送禮與回禮，是一個社群
的成員取得或保持地位和權力的過程。送禮對一位尋求
贊助的人，是最好的投資，因為贊助者必須根據自己的
地位（而不是送禮者的地位）來回禮。我們這裡所說的
「禮物」，通常不是與財富相關的物品，而常常是一些創
新發明或發現。

　　上述過程最有名的例子，就是伽利略。他多次經
由禮物交換以尋求贊助的手段，成為帕度亞大學的教
授與托斯坎尼大公爵位繼承人柯西摩・麥第奇
(Cosimo de'Medici) 的家庭教師。在 1610 年，伽利略用
他改良的望遠鏡發現了木星的四顆衛星，並將它們以
「麥第奇之星」(Medicean stars) 之名獻給當時已繼任

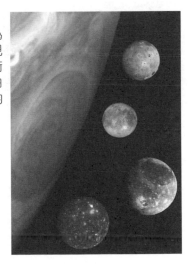

圖 1
伽利略衛星（又稱麥第奇之星），為
木星的四個大型衛星。伽利略發現
雖然木星在宇宙中自轉，但它的衛
星仍繞著木星公轉，得到支持哥白
尼日心說的論據，並非所有天體均
繞著地球旋轉 (©wikipedia)

托斯坎尼大公的柯西摩與他的三個兄弟，讓他們的名字與希臘羅馬神話中的神祇，同樣永恆地高掛天空，這是一項無價的禮物。至於他所獲得的回報，則是在46歲時改變生涯，由「錢少、事多、離家遠」的帕度亞大學數學教職，轉成「錢多、事少、離家近」的麥第奇宮廷數學家與自然哲學家。由於廷臣（courtier）伽利略擁有自然哲學家的身分，提供他探討自然哲學的社會性合法身分，才使他推動哥白尼打算跨越自然哲學與數學天文學的日心說。

從上面論述，我們可以看到，一個科學家或數學家的專業可信度，與他的社會地位相關，而提高社會地位的重要手段，則主要是透過禮物交換。下面，我們就要從這樣的脈絡來看三次方程式的歷史公案。

四、三次方程式之解與其爭論始末

古巴比倫人能夠解一些問題，所需使用的方法相當於現今的二次方程式。9世紀的阿爾‧花剌子模在他的著作中，系統地介紹二次方程式的解法。到了14、15世紀，義大利專門教授商人子弟的計算學校（abacus school）所運用的講義，為我們提供了證據，顯示當時的計算師傅嘗試去解某些特殊的三次、四次，甚至高次的方程式。人們尋找三次以上方程式的解法，不只是為了

求知，同時，也是為了解決在日益興盛的商業活動中所遇到的問題，比如求複利計算的利率。然而，一直到 15 世紀末，有關三次方程式的一般解法，卻仍然未被找到。

在 1500 至 1515 年之間，波隆那大學 (Bologna) 的數學教授費羅 (Scipione del Ferro, 1465–1526) 找到了形如 $x^3 + px = q$ 的方程式之解法。當時的數學家並不使用負係數，等號的一邊也不能為零，所以，對他們而言，總共有 14 種無法降次的三次方程式。然而，14 世紀時義大利的計算師傅們就知道，經由平移可將方程式的二次項消去。我們試以現代接受的符號法則舉例來說明此事。

給定一般的三次方程式 $x^3 + bx^2 + cx + d = 0$，令 $x = y - \dfrac{b}{3}$ 代入，即得消去二次項的新方程式：

$$y^3 + (c - \frac{b}{3})y + \frac{b}{3}(\frac{b^2}{3} - c) + (-\frac{b}{3})^3 + d = 0$$

當時的數學家根據係數的大小關係，將上述方程式分成 $x^3 + px = q$、$x^3 + q = px$、$x^3 = px + q$ 這三種，並使係數皆為正，且不會有一邊為零。所以，只需考慮這三種一般的三次方程式，而費羅則是為找出一般解跨出了第一步。他並沒有發表這個解法，因為當時的學術環境與現今不同。大學教授沒有終身職，教授的工作必須定期重聘，而當有兩人爭取同一職位時，他們必須互相向對方提出問題，且在公開論壇中發表解答，勝者才能得到聘任。所以，將自己的發現保密，才能讓他保持優勢。

在費羅去世前，他把解法透露給他的學生費奧（Antonio Maria Fior，16 世紀前半）以及女婿兼大學教職繼承人納維 (Annibale della Nave, 1500－1558)。雖然這兩人都未公開解法，但在義大利數學家之間，耳語已開始流傳，說這個從 14 世紀起困擾他們至少 200 年的問題，可能快要被解決了。在此同時，另一位數學家，來自布瑞思齊亞 (Brescia) 的塔達里亞 (Niccolò Tartaglia, 1500－1557) 也宣稱他解決了某種形式的三次方程式。1535 年，費奧向塔達里亞公開挑戰。費奧給出的題目，全部都是有關 $x^3 + px = q$ 這一類型的題目。根據塔達里亞自己的說法，他是在比賽開始數日前才找出這種方程式的解法。至於塔達里亞提出給費奧的問題，除了有兩種不同形式的三次方程式之外，也包含了一些涉及其他數學分支的問題。最後，因為費奧無法解決許多塔達里亞給出的問題，於是，塔達里亞被認定為這場挑戰的優勝者。

圖2
塔達里亞 (©wikipedia)

這場比賽的結果，傳到米蘭的數學教師兼醫師卡丹諾耳中。卡丹諾就寫信給塔達里亞，希望他透露解法。塔達里亞一開始拒絕，但卡丹諾一再懇求，保證絕不洩漏這項秘密，加上卡丹諾暗示自己能引薦塔達里亞與他有關火砲

圖 3
卡丹諾 (©wikipedia)

的發明給米蘭的宮廷，塔達里亞終於答應。他將這種解法寫成含糊的詩體形式交給卡丹諾。後來，卡丹諾從這個解法出發，不但想出了正確的公式與證明，同時，也將其他形式的三次方程式一併解出。

1542 年，卡丹諾和他的學生費拉里 (Ludovico Ferrari, 1522–1565) 到波隆那訪問納維，在那裡確知了費羅的方法與塔達里亞的是一樣的，卡丹諾就認為他對塔達里亞已無道德承擔，畢竟，如果他將解法出版，他是出版費羅的解法，而非塔達里亞的解法。1545 年，卡丹諾出版《大技術》(*Ars Magna, The Great Art*)，在其中有系統地寫出各種三次方程式的解法，當然也包含塔達里亞與費羅所解出的形式。

接下來，我們仍運用現代符號來說明卡丹諾書中解法的精神。給定方程式

$$x^3 + px = q$$

其中 p、q 皆為正數。他首先假設

$$x = \sqrt[3]{u} - \sqrt[3]{v}$$

將之代入原方程式，得到

$$(\sqrt[3]{u} - \sqrt[3]{v})^3 + p(\sqrt[3]{u} - \sqrt[3]{v}) = q$$

乘開合併後，得到

$$(u - v) - (3\sqrt[3]{uv} - p)(\sqrt[3]{u} - \sqrt[3]{v}) = q \cdots\cdots ①$$

所以，如果我們能找到兩個輔助量 u、v，使得

$$\begin{cases} u - v = q \cdots\cdots ② \\ uv = (\dfrac{p}{3})^2 \cdots\cdots ③ \end{cases}$$

那麼①式就會成立，而

$$x = \sqrt[3]{u} - \sqrt[3]{v}$$

我們尋找 u、v 的方式，很自然地就是解聯立方程式，由③式得

$$v = (\dfrac{p}{3})^3 \dfrac{1}{u}$$

將之代入②式，我們得到

$$u - (\dfrac{p}{3})^2 \dfrac{1}{u} = q$$

或是

$$u^2 - (\dfrac{p}{3})^2 = qu$$

這是個二次方程式。很容易地，我們解得

$$u = \sqrt{(\frac{q}{2})^2 + (\frac{p}{3})^3} + \frac{q}{2}$$

$$\text{且 } v = \sqrt{(\frac{q}{2})^2 + (\frac{p}{3})^3} - \frac{q}{2}$$

所以，後人所稱的「卡丹諾——塔達里亞公式」即為

$$x = \sqrt[3]{\sqrt{(\frac{q}{2})^2 + (\frac{p}{3})^3} + \frac{q}{2}} - \sqrt[3]{\sqrt{(\frac{q}{2})^2 + (\frac{p}{3})^3} - \frac{q}{2}}$$

由於當時「代數」在知識分子眼中的認知地位 (cognitive status) 遠不如幾何學，所有「嚴密」的數學論證必須要用幾何方式進行，所以，卡丹諾也使用幾何方式來證明上面的公式是正確的。讀者可自行嘗試用代數方法，將「解」帶回原方程式驗算，即可知道此公式的正確性。

塔達里亞為了對這種狀況提出抗議，在《大技術》出版後一年，他也出版了一本著作，在其中他公開自己的解法，並大力抨擊卡丹諾。一般認為，塔達里亞抗議的理由，是因為卡丹諾不守承諾將解法公諸於世。然而，從禮物交換的邏輯來看，我們相信這不是唯一的原因。另一個重要的原因是，塔達里亞認為自己的榮譽被卡丹諾玷污，因為卡丹諾接受三次方程式之解為禮物，卻沒有「禮尚往來」，盡力將塔達里亞引薦至米蘭的宮廷作為回禮。塔達里亞「賠了夫人又折兵」，不但將解法送人，

也無法提升自己的地位。於是，他決定運用別的方法來達到目的。

1547 年，塔達里亞向卡丹諾提出「數學挑戰書」(*cartello di matematica disfida*)，希望藉由打敗卡丹諾，以恢復自己的榮譽與提升地位。可是，當時卡丹諾是大學理論醫學的教授，已躋身於醫學界的菁英群中並頗有名聲；塔達里亞只是實用算術和幾何的大眾教師，兩者的社會背景天差地遠。所以，卡丹諾並未接受這個來自「低下階層」的挑戰，而將這個挑戰交給身為他的學生與被贊助者、身分較低的費拉里。這個舉動，不止是要使挑戰的雙方「門當戶對」，它還能用來侮辱對手。而費拉里在他對塔達里亞第一次回應的挑戰書中也寫到，他作為被贊助者，有義務維護他的贊助者的榮譽：「我決定要將你的欺騙，或是說惡劣本質公諸於世，不只是要維護真理，同時也因為卡丹諾閣下受限於自身地位，我作為被贊助者有義務挺身而出」。

對塔達里亞來說，與費拉里比賽毫無意義，因為打敗這個無名小卒不會讓他的地位提升，但他為了把卡丹諾拖下水，所以仍回信給費拉里。雙方在一年間數次以侮辱性的書信回應對方，但比賽始終無法成局。1548 年，塔達里亞在家鄉找到一個薪水豐厚的講師職缺，但他被要求在比賽中證明他的實力，所以他接受了費拉里的挑

戰，到米蘭與費拉里比賽。

　　費拉里本身也是一位優秀的數學家，在《大技術》的結尾，也提到費拉里如何成功地對四次方程式求解。塔達里亞與費拉里的「決鬥」最後是由費拉里獲勝。比賽失敗的結果，讓他必須回到威尼斯繼續原有的數學教師工作，塔達里亞終於無緣晉身菁英階層。

五、結語

　　從專業學問來看，費羅、卡丹諾、塔達里亞、費拉里等人都是可敬的數學家。然而，在這個有如電影情節的三次方程式歷史公案中，每一位演出者心中所在乎的不只是數學真理，更重要的是，在當時的社會環境中所重視的榮譽，以及提升社會地位背後所帶來的巨大利益。在任何一個時代，數學家都不是孤立的人，他們一定要與社會互動。而上述這些數學家的互動，提供我們一個有趣的圖像，讓我們更清楚瞭解文藝復興時代的社會文化與數學家的生活。

◇參考文獻

1. Galilei, Galileo（徐光台譯）(2004)，《星際信使》，臺北：天下遠見出版有限公司。

2. 蘇意雯 (1993)，〈塔達里亞 vs. 卡丹諾：從社會地位探討一段數學懸案〉，《科學月刊》第 24 卷第 7 期，頁 552–555。

3. Biagioli, M. (1989), "The Social Status of Italian Mathematicians", pp.1450–1600, *History of Science* (27), pp. 41–95.

4. Biagioli, M. (1993), *Galileo, Courtier: The Practice of Science in the Culture of Absolutism*, Chicago: The University of Chicago Press.

5. Franci, R., & L. T. Rigatelli (1988), "Fourteenth-century Italian Algebra", in Cynthia Hay (ed.), *Mathematics from Manuscript to Print*, pp. 1300–1600, Oxford: Oxford University Press.

6. O'Connor, J. J., & E. F. Robertson (2005), "webref", *Nicolo Fontana Tartaglia*.

http://www.gap-system.org/～history/Biographies/Tartaglia.html

解析幾何的誕生故事之一

◆ 笛卡兒正確指導理智的方法

蘇惠玉

一、前言

在笛卡兒 (René Descartes, 1596–1650) 之前，西元 1400–1600 年之間的歐洲，興起許多思潮，這些思潮不僅影響西方文化，對數學活動與數學發展，也產生了決定性的影響。文藝復興風潮對思想的革新，大大地啟發笛卡兒與費馬創立了解析幾何 (analytic geometry)。

圖 1
笛卡兒 (©wikipedia)

在解析幾何發明之前，幾何與代數這兩個分支，各自接受數學家與科學家不同的關懷與挹注，彼此不相干

的發展，也在數學中形成了迥異的地位。幾何從希臘時期以來，就極受重視，幾何是古典四學科之一，是「數學」這一科的代名詞。即使在牛頓時代，大學裡的數學教授依然稱為幾何學教授。而代數一開始即被認為是一種技術，也就是實用算術，在希臘時期是奴隸們學習的技術。這種「技藝」的形象一直延續到文藝復興之後，我們從笛卡兒之前的代數發展，可以看出當時的「代數」所扮演的角色。

例如，義大利數學家卡丹諾於 1545 年發表《大技術》，又稱《處理代數的法則》(*On the Rules of Algebra*)，當中包含三次方程式的解法。從他的書名，我們可以看出，此時的「代數」對他而言是一種技藝 (art)，同時，他仍是以幾何的想法來進行論述與推理。經由本書，我們可以發現兩件事：第一，幾何方式仍是數學證明的「王道」；第二，未知數與數字仍帶有古希臘的傳統，即帶有幾何意義在內。

其後，法國數學家韋達 (F. Viète, 1540–1603) 在《解析技術引論》(*Introduction to Analytic Art*, 1591) 中，重新區分從希臘時期就流傳下來的「解析」與「綜合」的方法，並重新解釋分析的方法，且進一步擴充到假設未知數並解方程式的問題中。雖然他將代數的發展，推到符號化的新里程碑，但在他的思路中，卻仍然擺脫不了幾

何的影響。他的方程式必須遵守所謂的「齊次律」(亦即代數符號可以相加的前提，乃是它們都代表同樣次方的幾何圖形)，可見，幾何仍舊是學習數學的主體。在此同時，他仍將代數視為一種「技藝」，無怪乎他將本書總稱為 "Introduction to Analytic Art"，本質上還是「技藝」，只不過現在多了形容詞「解析」。

在笛卡兒與費馬發明解析幾何之後，幾何與代數這兩個分支，終於結合在一起了。但是，在微積分發明之後，代數乃至於代數化的思想卻後來居上，而成為 18 世紀數學的主角。我們可以說數學與科學的發展，從 17 世紀的笛卡兒開始，就進入了一個全新的境界了。

二、 笛卡兒的《方法論》

笛卡兒生於 1596 年的法國北部。8 歲時，父親送他至一所由耶穌會神父所創辦的有名公學就讀，接受經院哲學❶的教育方式。然而，當時由於各種科學問題的產生，實驗科學的崛起，亞里斯多德的物理學觀點，普遍被新的事實所否定，笛卡兒因此常質疑學校所學到的知識，而「常處於非常多的疑團與錯誤的困擾之中」。在幾

---

❶ 經院哲學 (Scholasticismus)，意指學院中的哲學，以柏拉圖和亞里斯多德的哲學特點，配合基督教的神學所成，運用理性方式，通過抽象繁瑣的辯證方法論證基督教信仰。

年的軍旅生涯與旅行之後，他於 1629 年告訴學生時
代的摯友梅森神父，他準備寫一篇宇宙論，預計 3 年內
寫完。

當 1633 年正要付印時，卻傳來伽利略受到教會譴責
的消息，於是，他立刻取消出版計畫。他說：「地動說與
我的論著關係異常密切，我真不知該如何將這理論從我
的論著中刪去，而仍使其他部分依然成立，不致淪落為
一堆殘缺不全的廢紙。」雖然如此，笛卡兒的各方好友仍
希望看看他的新發現，於是，笛卡兒謹慎地將宇宙論的
主要部分整理出來，分別寫成三篇文章：〈光線屈折學〉
(La dioptrique，有關折射定律)、〈氣象學〉(Les météores，
包含有關彩虹的定量性解釋)、〈幾何學〉(La géométrie)，
再加上一篇序文，即大家所熟悉的《方法論》(*Discourse
on the Method of Rightly Conducting the Reason*)，1637 年在
萊頓 (Lyden) 出版，雖然當時沒有刊出作者的姓名，不
過，大家都心照不宣。

三、數學與《方法論》

笛卡兒的哲學，來自於數學推理的啟發，他也不時以
數學的例子，來佐證他自己的說法，他在《方法論》指出：

> 我喜歡數學，因為它的推理正確而明顯，但是，我還

　　沒看到它真正的被人應用。……它的基礎如此穩固堅實，竟沒人想到在其上建造起更高的建築。

或許因為如此，在笛卡兒的「哲學」方法，指導理智的原則中，也確實的以數學為「經絡」，建立起他的「知識大樹」❷。笛卡兒認為邏輯學 (Logic) 和在數學中的幾何解析方法 (Geometrical Analysis) 與代數學這三種技藝或科學，對他的計畫將會有所幫助。但是，他認為邏輯學的三段論證與大部分的規則，只不過在解說我們已經知道的事，儘管確實也有一些十分好的規則在內。至於古代的幾何解析方法與近代的代數，則

　　除了限於談論一些很抽象的問題外，似乎沒有什麼實際的用處。前者常逼你觀察圖形，你若不絞盡想像力，就不能活用理解力；後者使你陷於一些規則和式子 (formulas) 的約束之中，甚至將他弄成混淆模糊的一種技術，不但不是一種陶冶精神的科學，反而困擾了精神。

---

❷　笛卡兒的哲學想要兼容人類的全部知識，他認為「哲學，就其整體而言，好像一棵樹，其根為形上學，其幹為物理，而其枝幹乃為在此幹所滋生的一切科學，它們大致可以分為醫學、機械學與倫理學三種」。其中數學的地位為何？筆者認為可看成是此樹的內部經絡，運送養分與水分。

所以，他要找出一套方法，結合三者的優點，而沒有它們的缺陷。

首先，笛卡兒在《方法論》中列出四條規則：

第一： 絕不承認任何事物為真，除非我自明地認識它是如此，即除非它是明顯地清晰地呈現在我的精神前面，使我沒有質疑的機會。

第二： 將我要檢查的每一難題，盡可能地分割成許多小部分，使我能順利解決這些難題。

第三： 順序引導我的思想，由最簡單，最容易認識的對象開始，一步一步上升，直到最複雜的知識。同時，對那些本來沒有先後次序者，也假定它們有一秩序。

第四： 處處作一很周全的核算和普遍的檢查，直到保證我沒有遺漏為止。

第二條通常稱為「解析律」，而第三條稱為「綜合律」。這兩種觀念是笛卡兒從研讀古希臘學者的數學著作中獲得的，笛卡兒熟知巴伯斯 (Pappus) 對古希臘數學家解決幾何問題的兩種方法，解析與綜合的評論。綜合法由確定的定義公理出發，借助幾何證明程序得到複雜的結論（知識）；而解析的步驟剛好相反，假設要證明的結論存在，再一步一步分析追溯回最原始簡單的已知條件。在

之前的數學中，這兩種方法是分開應用的，但是，笛卡兒認為這兩者兼用，才能完美而周全。

另一方面，笛卡兒也「觀察以前在科學上探求真理的學者，唯有數學家能找出一些確實而自明的證明。」而數學上的各種問題所處理的對象雖然不同（例如數字、大小、數量化的物理、音韻等等），然而，為了更容易個別觀察它們起見，笛卡兒總是以「線（邊長）」來假設未知數，再利用《方法論》中所提出的方法與規則，寫成《幾何學》一書，向讀者宣示：他不只是空談而已，他的方法與規則確實有效。接下來，就讓我們來看看《幾何學》中的內容。

四、《幾何學》

笛卡兒從幾何學家那裡獲得啟發，卻也發現從古希臘流傳下來的幾何方法，在解決問題上有它的限制與難處。他認為古典幾何過於抽象，並且太過於依賴圖形，讓吾人只能在想像力十分貧乏的情況下，練習如何運用理解力。不過，對於在他之前的代數形式，他也提出批評，認為它完全接受法則和公式約束，以至於成為一種充滿混亂和晦澀、有意用來阻礙思想的技藝。所以，笛卡兒在《幾何學》中提出的方法，想要達成下列兩方面的目的：

1. 通過代數的過程（步驟），將幾何從圖形的限制之中釋放出來。

2. 經由幾何的解釋，賦予代數運算之意義。

如此一來，代數與幾何可以合成一體，數學的發展也因而迅速、蓬勃了起來。

《幾何學》共三卷，第一卷標題為「只要求直線與圓的作圖的問題」，其中第一個句子，即表明了他所使用的策略：

> 幾何上的任何問題，都能容易的化約成一些術語來表示，這些術語為有關已確定線段的長度的知識，而這些知識即足夠完成它的作圖。

換句話說，就是將幾何問題中所要求的「量」，用未知數來表示，並將幾何圖形中的許多已知量，也用數字來表示，然後，將這些數與未知數之間的關係表示出來，也就是以代數方程式的方法來表示，最後，方程式的解運用作圖方法作出，即為所求。

笛卡兒這樣的方法策略中，牽涉到幾個問題必須先解決才行。因為笛卡兒的目標在幾何作圖，所以，他必須先解決兩個問題：

1. 算術的計算如何跟幾何的運作有關？

2. 乘、除與開平方根如何「幾何地」表現出來？

他在第一卷的開始，就告訴讀者如何用作圖的方式，表徵代數的基本運算，即加、減、乘、除與開平方根的結果。接下來，笛卡兒用「線段長度」來代表未知數與係數，這與希臘流傳下來的幾何傳統不同。在古希臘幾何學的傳統包袱中，每一個「量」都帶有幾何意義，一次方是長度，平方即是面積，三次方代表體積，而不同維度的量是不能作加減運算的（即它們的加減沒有幾何意義），這種規則稱為「齊次律」(the law of homogeneity)。譬如韋達在他的書《解析技術引論》所指出：

> 一樣次數（維度）的東西只能跟相同次數的東西作比較，因為你不知道要如何把不同成分的東西作比較。

所以，當卡丹諾或韋達寫出如 $x^3 + cx = d$ 的式子時，其中 "c" 一定是平面的面積，"d" 一定是固體的體積。笛卡兒在此用單位長的次方，來避免齊次律的麻煩，例如在 $a^2b^2 - b$ 中，"a^2b^2" 可以考慮成 a^2b^2 除以 1，而 "b" 考慮成 b 乘以 1 的平方。接下來，笛卡兒就自由地使用這些符號表示，而沒有任何齊次律的顧慮了。

在本卷中，笛卡兒提到解決幾何問題的一般性方法，這即是我們現今熟悉的解析幾何的方法：將所求的未知數假設出來，當成已知來對待，由題意列方程式，再解方程式，最後「解釋、說明」代數解的幾何作圖。在此，

笛卡兒還沒提供實際的例子來「演練」他的方法，不過，
當荷蘭數學家凡司頓 (Frans van Schooten, 1615－1660)
出版本書的拉丁文的翻譯本時，又加上了他自己的評論
及解釋的例子，以讓讀者更加瞭解笛卡兒的方法。下面，
舉凡司頓所給的例子，來說明笛卡兒的方法：

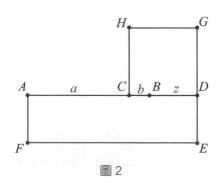

圖 2

如圖，已知線段 *AB* 及其上一點 *C*，延長 *AB* 至 *D*，
使得 *AD* 與 *DB* 所成的長方形面積等於 *CD* 所成的正
方形面積，求 *D* 點的位置（即 *BD* = ?）

若 *AC* 的長度為 *a*，*BC* 的長度為 *b*，設 *BD* = *z*，❸由題意
可得到一個關係式：$(a+b+z) \cdot z = (b+z)^2$，所以 $z = \dfrac{b^2}{a-b}$。
此時，我們可以將解 $z = \dfrac{b^2}{a-b}$ 利用幾何作圖作出。
　　笛卡兒自己的例子，則是一個一元二次方程式的解

---

❸　在《幾何學》中，笛卡兒將已知數用 *a, b, c,* … 表示，未知數
　　從最後字母開始用，所以一個未知數時，通常用 *z* 來表示。

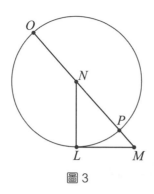

圖 3

如何以圖形作出來。如果最後的關係式為 $z^2 = az + b^2$，則作一直角三角形 NLM，使得 $LM = b$, $LN = \frac{1}{2}a$。延長斜邊至 O，使得 $NO = NL$。以 N 為圓心，NO 為半徑作一圓，則 OM 為所求的 z 值。因為 $z = \frac{1}{2}a + \sqrt{\frac{1}{4}a^2 + b^2}$。若方程式為 $y^2 = -ay + b$，則 $PM = y = -\frac{1}{2}a + \sqrt{\frac{1}{4}a^2 + b^2}$。

笛卡兒在本卷曾寫道:

> 通常並不需要在紙上畫出這些線段，只需要用字母標出這些線段即可。

所以，$a + b$ 代表兩個線段相加，$a - b$ 代表相減，而不必一一實際畫出。換句話說，只要我們知道哪些運算在幾何作圖上是可行的,就可只進行代數運算,並把解求出即可。

接下來，笛卡兒必須解決牽涉到二個，或二個以上的變數，或是解有無限多時的問題。在第一卷的最後，笛卡兒從阿波羅尼斯（Apollonius，西元前 262？ 一前 190？）的四線問題，引入我們現今所熟悉的坐標系統。這個問題為：

給定四條直線，要求 C 點，使得從 C 點以一定角度 θ 分別引到四條直線的這四條線段中，其中兩條線段的乘積與另兩條線段的乘積成一定的比值。

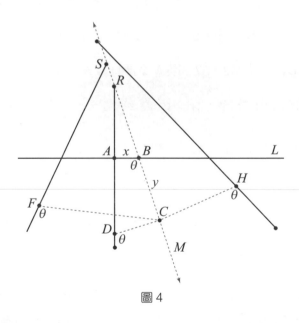

圖 4

如圖 4，CD、CF、CB、CH 為所引的四個線段，這個問題在於找出 C 點的位置：

首先，我假設已經得出結果，因為大多的線會混淆，所以我只簡單地考慮所給定直線中的一條及所畫線段中的一條（例如 *AB* 與 *BC*）為主線 (the principal lines)，由此我能夠來指涉所有其他的線段。

他發現在圖形中可以將所有的線段長度以 x, y 的線性組合來表示，其中 x 為 *AB* 在直線 L 上的長度，y 為所求線段 *BC* 的長度。換句話說，即以直線 L 及 M 為坐標軸，B 為原點，θ 為兩坐標軸的夾角所成的坐標系，所求 C 點的軌跡即為包含二個變量的二次方程式。那麼，又該如何作出所有 C 點所成的軌跡呢？

《幾何學》的主要目標，在於幾何問題解的作圖，然而，「幾何作圖」是基於哪些條件？亦即，必須先釐清什麼樣的作圖方式，可以認定為「幾何作圖」。古希臘的幾何作圖為「尺規作圖」，其限制由歐幾里得《幾何原本》第一卷的前三個設準所規範：

設準 1: 過任兩點可以畫一線段。

設準 2: 可以沿著此線段的方向連續地延伸。

設準 3: 可以任意圓心與半徑畫圓。

在尺規作圖的規定下，許多三次以上方程式，或是二個變數的方程式，是沒辦法作圖的，所以，笛卡兒在第二

卷 (On the nature of curved lines) 中加上了這麼一條「公設」，使得許多機械作圖成為可能：

> 兩條或兩條以上的直線可以以一條在另一條上面移動，並由它們的交點決定出其他曲線。

加上這一公設之後，我們可以造出許多可行的機械作圖工具，使得圓錐曲線的作圖成為可能。笛卡兒自己曾給出機械作圖的例子，圖 5 是以 GSP（動態幾何繪圖軟體）模擬笛卡兒的機械裝置畫出的曲線，可以看出為一雙曲線：

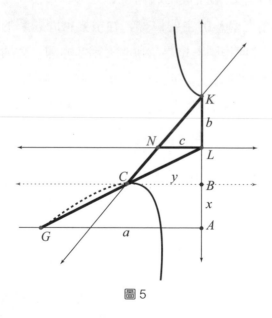

圖 5

其中粗黑線即為此機械裝置，NL 垂直 LK，G 點固定在一直線 AG 上。讓 L 沿著與 GA 垂直的直線 AK 移動，C 點畫出的軌跡即為雙曲線。在此，笛卡兒同樣以兩條直線（GA 與 AK）為參照，設 $CB = y$, $AB = x$，利用相似形的關係，可得出 x, y 滿足 $\frac{ab}{c}y - ab = xy + \frac{b}{c}y^2 - by$。以笛卡兒對於古希臘圓錐曲線理論以及阿波羅尼斯《錐線論》的瞭解，他直接斷定這樣的方程式所對應的軌跡為雙曲線。在其中，我們同樣又可看出笛卡兒對坐標系的用法，不過，讀者到此應該可看出與現代習慣稱為笛卡兒坐標系 (Cartesian Coordinate System) 的不同，笛卡兒的坐標軸（兩條參照的主線）不一定要垂直，且 x 與 y 的位置與現在的用法剛好相反。

五、結論

如前所述，笛卡兒的《幾何學》共有三卷。第一卷標題為「只要求直線與圓的作圖的問題」，在這一卷中他用他的新方法說明、示範解決了只用傳統尺規作圖就能作出解的幾何問題。接下來，為了解決由於尺規作圖的限制而不能作出的解，或是有無限多解而形成的曲線軌跡，笛卡兒在第二卷「曲線的性質」中放寬了尺規作圖的限制，而同意某些機械作圖所作出的曲線。在本卷的結論中，他以古典作圖問題「三等分任一角」來

說明，三次方程式的解可以用圓與拋物線的交點來解決。最後，在第三卷「立體與超立體 (supersolid) 問題的作圖」，先就如何選擇解決問題的曲線作說明，再討論方程式的根。在本卷中，他以 "true root"（真根）與 "false root"（假根）來區分正根與負根，提出著名的「符號法則」(rule of sign) 來決定正、負根的個數。同時，他也瞭解根並非都是正、負數，一個幾次的方程式，就有多少個根，只是有些根為他所說的 "imaginary"（即虛根）。這樣名詞的用法，大概跟他的問題根源於幾何問題有關。在這一卷最後，為了將他的方法應用到其他領域，例如光學，他在此寫出了他如何作法線的方法，為微積分的發展再貢獻一分心力。

對笛卡兒而言，到底什麼是曲線？在第三卷的第一句話，清楚地表達了他對曲線的看法：

> 每一個能描述成連續運動的曲線，都應該在幾何上被承認……。

也就是說，對笛卡兒而言，幾何曲線是由連續運動而定義，而不是代數方程式。由於他的主要目標，在於解決幾何問題，他只是利用代數方程式的幫助，找出幾何問題解的點的位置，目的還是要用幾何作圖作出此解，或是當解無限多點時，作出滿足條件的點所成的軌跡（曲

線）（如果能夠作出的話）。如果用代數方程式來定義曲
線的話，就把他的工作與方法，歸結成代數而不是幾何
了。或許正是由於笛卡兒對幾何的堅持，反而使笛卡兒
的解析幾何方法在函數理論與微積分發展的舞臺上，
影響力遠不如費馬軌跡方程式的方法。這對於如他想
要以這種數學形式當成所有知識產生的方法，無疑是
一種諷刺。不過，笛卡兒在哲學與數學中的地位，已然
不朽。

◇參考文獻

1. Kline, M. (林炎全、洪萬生、楊康景松譯) (1983),《數學史——數學思想的發展》,臺北: 九章出版社。

2. *The Philosophical Works of Descartes*, translated by E. S. Haldane, & G. R. T. Ross (1968), London: Cambridge at the University Press.

3. *The Geometry of René Descartes*, translated from the French and Latin by D. E. Smith & M. L. Latham (1954), NY.: Dover Publications, INC.

4. Katz, Victor. J. (1993), *A History of Mathematics*: *An Introduction*, NY: HarperCollins College Publishers.

5. Grattan-Guinness, Ivor. (1997), *The Fontana History of the Mathematical Sciences*, London: HarperCollins College Publishers.

6. Fauvel, John, & Jeremy Gray (ed). (1987), *The History of Mathematics*: *A Reader*, London: The Open University.

7. Nuffield Foundation (1994), *The History of Mathematics*, Singapore: Longman Singapore Publishers.

17 世紀

解析幾何的誕生故事之二

 *費馬的軌跡方程*

蘇惠玉

一、前言

1637 年，當費馬將他的
《平面與立體軌跡引論》
(*Introduction to Plane and Solid
Loci*) 寄給當時負責在數學家
之間接受與傳播資料的梅森
神父時，笛卡兒正為他的《方
法論》進行校對。在相同的時
空之中，解析幾何誕生於兩個
不同的人手中。

圖 1
費馬 (©wikipedia)

　　費馬與笛卡兒兩人身處於相同的大環境中。從現代
的角度來看，他們雖然呈現了相同的數學概念，卻因為
所採取的進路不同，而對後來的數學發展造成了不同的
影響，最後的發展也遠遠與兩人當初的預期不同。

141

二、費馬的曲線軌跡

費馬是一個專業律師及業餘數學家，雖然忙碌於各種行政與司法事務，卻還是將大量心力，投注在他最愛的數學研究上。不過，他只是將數學研究當成一種嗜好，低調地沉迷於自己的研究之中，並不想發表著作，以免捲入另一領域的紛爭。他於 1629 年即已寫成《平面與立體軌跡引論》，但一直到 1679 年才出版。書中一開始，他定義了什麼叫做曲線軌跡：

> 只要最後的方程式出現兩個未知量，我們就有一條軌跡，這兩個未知量之一的一端描繪出一條直線或曲線。

接下來，他說「為了有助於建立方程式的概念」，可以這樣作：

> 使得兩個未知量形成一個角度，通常我們假設成直角，得出位置並決定出未知量之一的端點。

最後的方程式如何出現兩個量呢? 我們以該書中的例子來解釋。如圖 2，I 為直線 NT 上的一點，NM 是一條固定的直線，直線上的點 I 可以未知量 $NZ(=A)$ 與未知量 $ZI(=E)$❶來表示。

---

❶ 費馬承襲韋達的習慣，以母音字母表示未知數，子音字母表示已知數。

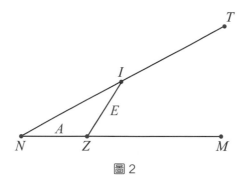

圖 2

費馬在該書中還利用這個方法，從方程式去解釋：如果未知量的最高次方不超過二次，則軌跡為直線、圓或是圓錐曲線。

　　何以費馬會有這樣的想法與進路？我們可以從他的求學過程窺得一二。費馬在當律師之前，曾在波爾多跟韋達的幾個學生學習，所以，他熟悉韋達的符號化代數的新方法。同時，他也知道韋達重新解釋希臘數學家的「解析」方法。古希臘的「解析」方法，和一般習慣稱呼「解析幾何」中的「解析」意義不同，前者的「解析」，指巴伯斯所評論的古希臘數學家解決幾何問題的兩種方法：解析與綜合。解析與綜合的方法就如同幾何作圖中的「作法」與「證明」。解析意指由結論到已知的步驟，假設結論為已知，然後看看從此會得出什麼結果，或是我們所必須要有的條件與步驟。綜合則是從已知利用邏輯推理推到結論的過程。

再者，巴伯斯還將「解析」分成兩種，「理論型的解析」（尋求真理）與「問題型的解析」（尋求所需結果），但是，他並沒有將「解析」與「綜合」的方法與某一數學分支結合在一起。針對這一點，韋達倒是充分利用了。他在《解析技術引論》中，運用古希臘的「解析」，解釋他的代數方法，他將「理論型的解析」稱為 zetetics（意即前述的「尋求真理」），就是要在某一特定項與若干已知項之間，建立方程式或是比例式。另一方面，他稱「問題型解析」為 poristics（他選擇此名詞與「綜合」法作一連結），運用方程式或比例式檢驗所述定理的真實性。最後，他自己還加上 rhetics 或是 exegetics 的解析，在所給的方程式或比例式中，求出此特定的未知項的值。在此，韋達即以代數方程式的方式，重新解釋古希臘的「解析」方法。

費馬在波爾多的這一段時間，熟悉了韋達所謂的「解析的技術」，他重新回到巴伯斯收集的《分析薈萃》(*Domain of Analysis*)，並利用巴伯斯的注釋與引理來重新建構阿波羅尼斯的《平面軌跡》(*Plane Loci*)❷，他想要將韋達的代數方程式的解析方式，應用在古希臘的幾何上，特別是曲線軌跡的部分，藉以重新瞭解古希臘許

❷ 巴伯斯的注釋與引理在於幫助讀者瞭解收集的這些原著，其中包括歐幾里得與阿波羅尼斯的著作。

多有關曲線的理論，尤其是阿波羅尼斯理論。由於費馬對阿波羅尼斯作品的熟悉，很自然地，費馬應該從阿波羅尼斯那裡，得到了處理軌跡方法的啟發。例如，費馬針對阿波羅尼斯的定理：

> 從任意給定的多個點向一點引直線，使得到的線段形成的正方形面積和等於已知給定的面積。

他以幾個特例介紹出他的「坐標系統」的想法，如圖3，當有四個給定點時，費馬以直線 *GK* 為基準線，使得給定的點都在同一側，並選定 *G* 點為固定點（原點），所以，他就可以根據每一點的水平「坐標」*GH*、*GL*、*GK*，與垂直「坐標」*AG*、*BH*、*CL* 與 *DK* 及給定的已知面積，得出所求點軌跡為一圓，並得出其圓心的位置與半徑的大小。同時，他在《平面與立體軌跡引論》中，以阿波

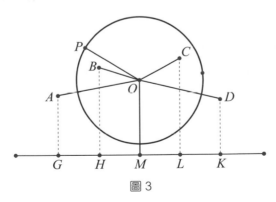

圖3

羅尼斯的幾何構造方式構造出圓錐曲線後，也以代數方程式的形式，重新表現了阿波羅尼斯的圓錐曲線。

三、費馬 vs. 笛卡兒

笛卡兒與費馬由於問題意識的不同，雖然同享解析幾何發明的榮耀，但是，他們所選擇的進路卻大異其趣。笛卡兒想要以一種統一的方法來解決幾何問題，所以，他的出發點是幾何的，並以「運動軌跡」來定義幾何曲線，他只是借助代數的便利性與一般性，求得代數方程式的解，目標還是在解的幾何作圖。例如，他處理阿波羅尼斯的圓錐曲線，重點在於如何進行幾何作圖，如何求出與其他直線或圓的交點，甚至對於切線（或法線）的處理，也是著重在幾何的作圖上。相對於笛卡兒而言，費馬的計畫則在於利用一種新的代數的方法，來研究幾何曲線，所以，他反而是以代數方程式來定義幾何曲線，目標在於方程式所決定的曲線軌跡。

儘管他們兩人在出發點與研究進路的不同，然而，我們卻都可以看出古希臘著作對他們的影響，尤其是阿波羅尼斯的著作。在阿波羅尼斯的著作，例如《錐線論》中，我們即可以看出阿波羅尼斯以一固定直線（直徑）及一點（頂點）當參照，用兩個方向的未知量來描述曲線上的點所滿足關係式，例如第一卷命題 11 拋物線的例子中：

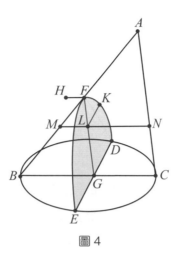

圖 4

設有一圓錐，頂點為 A，底為圓 BC。令其被過軸的平面所截成的三角形為 ABC。又圓錐被另一與底交於直線 DE 的平面所截，DE 與直線 BC 垂直。設這樣在圓錐表面形成的截痕為 DFE，其直徑為 FG，平行於軸三角形的一邊 AC。又設過 F 點作直線 FH 垂直於直線 FG，並且使它按比例：正方形 BC：矩形 BA，AC：FH：FA 作出。

在截線上任取點 K，過 K 作直線 KL 平行 DE。

我認為正方形 KL = 矩形 HF, FL。

以笛卡兒與費馬對阿波羅尼斯著作的熟悉來看，他們會以這樣的形式來設定他們的坐標系統，似乎是再自然不過了。

　　不過，卻也因為他們兩人所採取的進路不同，對後來的數學研究，也就有了不同影響，並得到不同的歷史評價。笛卡兒看到了古希臘的幾何問題中，數學家受限於圖形的解讀，感覺像是針對問題的不同而有不同的解法，於是，他想要利用他所架構的哲學體系中的「推理」方法，來解決此一問題，所以，他以列出方程式並求出其解的方式，來解決幾何問題。

　　笛卡兒批判並打破了希臘的傳統，而費馬卻是傳承了希臘的思想，他自己也認為他只是以代數方程的方式，重寫阿波羅尼斯的作品而已。平心而論，雖然笛卡兒在方法上取得較大的成就，但是，費馬對曲線軌跡的研究，卻因為與 17 世紀科學界的研究風潮緊密結合，意外地對後來微積分，甚至於整個數學的發展，有了更重大的影響。

　　由於科學與工程應用的需要，17 世紀科學界的問題著重於解決極大、極小值的問題，求瞬間速度或瞬間變化率的問題、求切線或法線以及曲線下的面積、體積等問題上。在這個背景下，費馬以代數方程來研究曲線軌跡，所以，他在這些問題的研究上都能盡一己之力，並有一定程度的影響。換句話說，當函數理論逐漸發展之際，費馬的曲線軌跡的影響也逐漸顯現。反觀笛卡兒以代數方程式求幾何問題解的方法，卻由於他固執地侷限

在幾何作圖上，反而不能將他的方法影響力，顯現在代數方程研究的相關理論上，而他想要將他的方法應用到其他領域上的野心，也因為他所選擇的進路，而淪為解決幾何問題的工具。

　　解析幾何發明之後，隨著微積分的發明而將數學的發展推向高峰。數學真理的確定性是無庸置疑的，但是，在數學的發展過程中，每一個部分都是人類的智慧結晶，由於人心不同正如其面，基於數學的普遍性本質，我們到處都可以看到數學家個性的影響，數學知識也因而呈現多樣的風貌。

◇參考文獻

1. Kline, M. (林炎全、洪萬生、楊康景松譯) (1983),《數學史——數學思想的發展》, 臺北：九章出版社。

2. Kline, M. (張祖貴譯) (1995),《西方文化中的數學》, 臺北：九章出版社。

3. Boyer, Carl. B. (1991), *A History of Mathematics*, Canada: John Wiley & Sons, INC.

4. Katz, Victor. J. (1993), *A History of Mathematics: An Introduction*, NY: HarperCollins College Publishers.

5. Grattan-Guinness, Ivor. (1997), *The Fontana History of the Mathematical Sciences*, London: HarperCollins College Publishers.

6. Fauvel, John, & Jeremy Gray (ed). (1987), *The History of Mathematics: A Reader*, London: The Open University.

7. Smith, David E. (1959), *A Source Book in Mathematics*, NY: Dover Publications, INC.

8. Nuffield Foundation (1994), *The History of Mathematics*, Singapore: Longman Singapore Publishers.

17 世紀

竊管術 *vs.* 天算頌

楊瓊茹

一、前言

　　數學知識在異文化之間的交流議題，始終吸引了史家或科學文化的詮釋者的深刻關懷。他們的辨識策略，無非是通過現代語言或符號的翻譯，試圖釐清異文化中的數學知識之異同，最後，再據以提出涉及優先權之主張或命題。不過，這種研究進路，往往忽略文本 (text) 與脈絡 (context) 的互動關係，徒然成為某種意識型態的背書工具罷了。

　　這多少可以說明何以我們在〈求一與占卜〉一文中，對於有關交流問題的討論，採取了相當謹慎保守的立論態度。也許我們始終無法斷定誰先發明了「物不知數」或「占卜」題，但是，還原歷史場景，鋪陳一個「回到原生脈絡」的故事，說不定更能豐富我們的歷史想像。

　　儘管「物不知數」題的確是中韓數學交流的極佳案例，然而，朝鮮數學家慶善徵（1616-?）、黃胤錫（1729-1791）如何繼承中國宋、明算家之解法，並進一步發揚光大，還是充滿了「韓國本土數學」的趣味，換句話說，東算（tongsan，韓國本土數學）這一個名詞得以證成（justification），固然得自中算之輸入，不過，朝鮮數學家在謹守中算傳統之際，也不乏值得稱頌的自主發展。

二、慶善徵及其「引剩求總」

　　在 17 世紀韓國數學史上，慶善徵的《默思集算法》解答了三個「物不知數」題，並且作詩文來輔助讀者記憶解題的關鍵數字。慶善徵將此題型歸類為「引剩求總門」，顧名思義（利用「剩」以求「總」），頗能掌握箇中奧妙。

　　慶善徵是朝鮮李朝「中人（chungin）算學者」出身❶，對於東算之成立，居功蹶偉。雖然當時數學不是很受重視，卻激起慶善徵著作此書的使命感。在此之前，中國的《孫子算經》、《楊輝算法》以及《算法統宗》等書曾傳入韓國，不過，「引剩求總門」是否與此直接關連，我們還無從得知。底下，引述「引剩求總門」三則文本內容：

───────────────
❶　「中人算學者」指的是朝鮮李朝時代，介於貴族階級和被支配階層中間的技術官僚。

三人同行七十稀，五鳳樓前二十一；

七月秋風三五夜，冬至寒食百五除。

今有物不知其數，只云三、三計之剩一，五、五計
之剩二，七、七計之剩三，問元數幾何？

答曰：五十二。

法曰：凡物數七十，則五、五計之無盈縮，七、七計
之亦無盈縮，三、三計之，則餘只一，故曰：三人同
行七十稀。凡物數二十一，則三、三計之無盈縮，
七、七計之亦無盈縮，五、五計之，則餘只一，故
曰：五鳳樓前二十一。

凡物數十五，則三、三計之無盈縮，五、五計之亦
無盈縮，七、七計之，則餘只一，故曰：七月秋風三
五夜。凡物數一百五，則三三、五五、七七計之皆
無盈縮，而上項三位併之得數，於內減此一百五，
則知其元總，故曰：冬至寒食百五除。卻以三三、五
五、七七計之，餘剩二，則各隨其數各自倍之；餘剩
三，則三因；四則四因；餘倣此。而併三為合數，更
多則以一百五為限，減之又減，不滿一百五而止，
乃得合問。

底下兩題的解法以及說明方式，跟上題是一樣的，因此，
我們僅引述詩歌與問題的文本內容如下：

五人同居兩七九，七貴公侯五九五；

重陽節滿八五七，冬至寒食三合除。

今有數不知其數，只云五、五計之剩三，七、七計之

剩一，九、九計之剩二，問元數幾何？

答曰：二百一十八。

七月七日新月夕，螽斯生子九十九；

重陽佳節風景好，兩叟同庚七十七；

至月雪天酒價錢，半貫纏除五十九；

六百九十三春和，除夜餘興做此識。

今有物不知其數，只云七、七計之剩三，九、九計之

剩二，以十一計之剩一，問元總幾何？

答曰：三百五十三。

接著，我們再來欣賞中國的「孫子歌」。此題編載於
《算法統宗》(1592) 中，又稱為「韓信點兵」：

三人同行七十稀，五樹梅花廿一枝；

七子團圓正半月，除百令（零）五便得知。

今有物不知數，只云三數剩二箇（個），五數剩三三

箇，七數剩二箇，問共若干？

荅（答）曰：共二十三箇。

法曰：列三五七維乘，以三乘五得一十五，又以七乘

之得一百零五，為滿法數列位。另以三乘五得十五，
為七數剩一之衰；又以三乘七得二十一，為五數剩一
之衰；又以五乘七得三十五，倍作七十，以三除之餘
一，故用七十為三數剩一之衰。其三數剩二者，剩一
下七十，剩二下一百四十；五數剩三者，剩一下二十
一，剩二下四十二，剩三下六十三；七數剩二者，剩
一下十五，剩二下三十。併之得二百三十三，內減去
滿數一百令五，又減一百令五，餘二十三簡合問。

「引剩求總門」和「孫子歌」這兩則文本，都對解
法的關鍵數字 70、21、15 與 105 提供了說明，也將餘 1、
餘 2、餘 3 時，各應取多少，加以解釋。但是，經我們
比對之後，可以發現「孫子歌」的解釋更為詳盡。例如，
儘管「引剩求總門」說明了 70 可被 5、7 整除；被 3 除則
餘 1，然而，「孫子歌」卻更進一步說明 70 如何取得：
$(5 \times 7) \times 2 = 70$。

三、「翦管術」和「天算頌」

在南宋楊輝的著作集《楊輝算法》之《續古摘奇算
法》(1275) 上卷中，孫子問題被稱為「秦王暗點兵，猶
覆射之術」，並且題術定名為「翦管術」。本書給出五題
一次同餘組的題目，分別為「三、五、十數□二問、「七、

八、九數」、「十一、十二、十三數」、「二、五、七、九
數」。底下，引述兩則比較有特色的問題：

> 物不知總數，只云三三數之剩二，五五數之剩二，七
> 七數之剩二，問本總數幾何？
>
> 荅（答）曰：二十三。
>
> 解題：俗名秦王暗點兵，猶覆射之術。或過一百五數，
> 須於題內之知。
>
> 翦管術曰：三數剩一下七十，題內剩二下百四十；五
> 數剩一下二十一，題內剩三下六十三；七數剩一下十
> 五，題內剩二下三十。三位併之得二百三十三，滿一
> 百五數去之，減兩箇（個）一百五餘二十三為荅數。

> 用工不知其數，差人支犒。每三人支肉一斤，剩零五
> 兩八銖，乃三數剩二；每五人支錢一貫，剩零四百，
> 是五數剩三；每七人支酒一撥，拾撞成撥，是七數無
> 剩。問總工所支各幾何？
>
> 荅曰：九十八人、錢一十九貫六百，酒十四撥、肉三
> 十二斤一十兩十六銖。
>
> 草曰：三剩二下百四十；五剩三下六十三；七無剩不
> 下。併之得二百三，減一百五餘九十八工。以二百乘
> 工數為錢；七除工數為酒；三除為肉。

由於上引第二題應用題的題意比較不清楚，在此，略作解釋。「每三人支肉一斤，剩零五兩八銖，乃三數剩二」，其意思為 3 個人合領 1 斤肉為獎賞，但由於總人數被 3 除時，還差 1 人可整除，則剩餘的 5 兩 8 銖，即為所差之人的獎賞；同樣地，剩下的錢數 400，是總人數被 5 除時，所差的 2 人之錢數。換算單位為 1 斤等於 16 兩，1 兩等於 24 銖；1 貫等於錢 1000。綜觀「窮管術」之術文，我們可以發現它的程序性說明之特色。

朝鮮算學家黃胤錫在他的《算學入門》中，引用了楊輝「窮管術」的全部內容，並將其解法做更詳細的說明和評注。不同於 17 世紀的慶善徵，黃胤錫出身兩班 (yangban) 統治階級，屬於朝鮮的「儒家明算者」。不過，他何以參考楊輝而非程大位（中國明朝數學家，1533–1606）著作，則還有待研究。一般而言，15 世紀朝鮮世宗大王曾大力提倡算學研究，將《楊輝算法》、《算學啟蒙》（元朝朱世傑（約 1260－1320）所撰）與《詳明算法》並列為三部主要算學經典，因此，當時的兩班階級，應該受到很大的啟發才是。

黃胤錫針對楊輝「窮管術」還做兩首隱語詩，並且稱此類型的問題為「天算頌」。茲引述「天算頌」的歌訣如下：

三朋共暇七旬休，五鳳樓前訪昔儔；
赤壁秋生寒月滿，介山春盡落花稠。

三朋三也，七旬七十也，昔二十一也，秋生七月也，
月滿十五也，春盡寒食三月也，由冬至至此一百五
日也。

三人同行七十稀，五老峰頭廿一餘；
七月十五初秋夜，冬至寒食百五除。

至於他對「窮管術」第一題的說明，則如下：

（三）以三為主，用五七相因得三十五，滿三去之餘
二，非餘一，故須倍三十五得七十，滿三去之始餘一，
所以三數剩一下七十；（五）以五為主，用三七相因
得二十一，滿五去之餘一，所以五數剩一下二十一；
（七）以七為用，三五相因得十五，滿七去之餘一，
所以七數剩一下十五。右三五七循次相乘得一百五
數，故本文滿一百五數去之。以上，今俗稱為天算法，
三五七皆天數故也。

顯然，黃胤錫進一步提供了「窮管術」概念上的解說。
另外，由黃胤錫對「窮管術」第二題的評注：

今按三數剩二，當云剩一；五數剩三，當云剩二。答
當云七人；錢一貫四百；酒一撥；肉兩斤五兩八銖。草

> 當云：三剩一下七十；五剩二下四十二，併之一百一
> 十二，減一百五餘七。以五除七為錢；七除七為酒；
> 三除七為肉。

我們發現他對第二題提出另一個答案。其實，探索楊輝
和黃胤錫兩人的答案之所以會有所不同，是因為他們兩
人「看題」的方式不同。所以，如何將題目敘述得簡單
明瞭，也值得注意。

四、結語

慶善徵的「引剩求總」與黃胤錫的「天算頌」，提供
了中韓數學文化交流的真實寫照。有關「物不知數」題
的交流議題，讀者不妨參考本書之〈求一與占卜——中
國剩餘定理的歷史場景〉。在本文中，我們進一步對比於
「羸管術」和「天算頌」等等。根據此一對比，我們可
以清楚看到數學知識的交流，在不同文化中所呈現的獨
特意義，僅管它們使用了同樣的文字——漢字，但各自
語言與思維模式，可能也發揮相當重要的功能。

◇參考文獻

1. 洪萬生等主編 (2004)，《歷史、文化與資訊時代的數學教育論文集》，臺中：臺中師範學院。

2. 洪萬生 (2003)，〈東算史研究與歷史論述之主題性〉，《台灣歷史學會會訊》第 16 期，頁 73–76。

3. 洪萬生、李建宗 (2005)，〈從東算術士慶善徵看十七世紀朝鮮一場數學研討會〉，提交「傳統東亞文明與傳統科技（自然）知識的傳承與演變」研討會，7 月 21–22 日，臺北：臺大東亞文明研究中心。本文已發表於《漢學研究》。

4. 楊輝 (1993)，《楊輝算法》，收入郭書春主編，《中國科學技術典籍通匯·數學卷一》，鄭州：河南教育出版社。

5. 程大位 (1993)，《算法統宗》，收入郭書春主編，《中國科學技術典籍通匯·數學卷二》，鄭州：河南教育出版社。

6. 慶善徵 (1985)，《默思集算法》（寫本），收入金容雲主編，《韓國科學技術史資料大系·數學篇 (1)》，首爾：驪江出版社，頁 232–237。

7. 黃胤錫 (1985)，《算學入門》，收入金容雲主編，《韓國科學技術史資料大系·數學篇 (3)》，首爾：驪江出版社，頁 49–54。

17—18 世紀

數學與意識型態

◆ 以梅文鼎的「幾何即句股」為例

洪萬生

一、前言

自從 17 世紀初，歐幾里得《幾何原本》等西方數學傳入以來，中國知識分子在面對西學的強勢挑戰下，為了「合理化」向西方學習的行動，或者為「中西會通」建立基礎，遂喊出「西學中源」的口號。這種「意識型態」(ideology) 固然有它的負面引申，但是，我們發現像梅文鼎這樣的數學家，也得以基於這種假設，從他的實際研究中，開拓出一些極具方法論趣味的進路，值得我們細心品嚐。

在《幾何通解》中，梅文鼎開宗明義指出此書「以句股解《幾何原本》之根」。他認為西方「幾何不言句股，然其理並句股也。故其最難者，以句股釋之則明。」至於此書「通解」的目的，則是因為「西人謂句股為直角三角形。譯書時不能會通，遂分途徑。」當梅文鼎運用中國

《九章算術》中的「句股」來會通西方幾何，他就「信古九章之義，包舉無方」了。

在本文中，我們將以《幾何通解》第二、三題為例，說明梅文鼎如何「解《幾何》二卷」第七、八題。此處，所謂的《幾何》是指歐幾里得《幾何原本》，它譯自丁先生 (Christopher Clavius) 的拉丁文版本 (1574)，在 1607 年由利瑪竇 (Matteo Ricci, 1552－1610) 口譯與徐光啟 (1562－1633) 筆受，將它的前六卷翻譯成中文。從此以後，誠如梅文鼎所說:「言西學者，以《幾何》為第一義。」

二、梅文鼎其人其事

梅文鼎，字定九，號勿庵，安徽宣城人。他生於明崇禎 6 年，9 歲熟五經，通史事，早年拜塾師羅王賓，15 歲補博士弟子員。約在 29 歲時，梅文鼎迫隨倪觀湖 (1616–?) 學習明代頒用的《大統曆法》，收穫甚大，不久即完成《曆學駢枝》，這是他的第一部曆算學著作。縱觀梅文鼎一生，除了曾參加編寫《明史‧曆志》的工作之外，終身鑽研數學和曆法，不曾有過任何官職。此外，他也得到不少朋友的幫忙和支持，晚年更得到康熙皇帝的賞識，使得他的學術地位更加穩固。從而，他的孫子梅瑴成也得以應康熙之召，入暢春園蒙養齋擔任算學大臣，並主編清初西方數學百科全書《數理精蘊》(1723)。

梅文鼎生平著述有百種之多，幾乎涉及當時已傳入的西方數學的各個方面，並且他也完成了初步的理解和闡發。他的著作大多根據《幾何原本》（前六卷）、《同文算指》以及《崇禎曆書》。他去世之後，魏荔彤的兼濟堂刊刻了《梅勿庵曆算全書》，由楊作枚編輯整理。梅瑴成晚年認為這套書「仇校不精，編次紊亂」，於是，做了增減合併，更名為《梅氏叢書輯要》（1761）。表 1 是收錄在《梅氏叢書輯要》中第十八卷《幾何通解》的十題目錄。另一方面，梅瑴成也將自己的《赤水遺珍》編入《梅氏叢書輯要》，其中他所宣揚的「借根方即天元一」，也

編號	目錄
1	解幾何二卷第五、六題
2	解幾何二卷第七題
3	解幾何二卷第八題
4	解幾何二卷第九題
5	解幾何二卷第十題
6	解幾何二卷第十一題，六卷第三十題，四卷第十、十一題（解理分中末線之根）
7	解幾何六卷第二十七題
8	解幾何三卷第三十五題
9	解幾何三卷第三十六、三十七題
10	解幾何三卷第三十二、三十三增題

表 1
《幾何通解》｜題目錄

就是「西學中源」的代數版本。所謂「借根方」，是指 18 世紀初傳入中國的西方代數學，尚未具有符號法則的形式，至於「天元一」則是指中國宋元時期列方程式的一種方法。

三、句股之為用

《幾何原本》第二卷第七題內容如下：

> 如果任意分一線段為兩段，則原線段上的正方形與所分成的小段之一上的正方形的和，等於原線段與該小線段構成的長方形的二倍與另一小線段上正方形的和。

如運用代數符號翻譯此一命題，則可表示為如下式子：

$$(a+b)^2 + a^2 = 2(a+b)a + b^2$$

其中此一原線段的長為 $a+b$。參考圖 1，歐幾里得證明此一命題時，主要利用了《幾何原本》第一卷第四十三題：

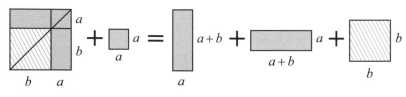

圖1

在任何平行四邊形中，對角線兩邊的平行四邊形的補形彼此相等（圖2）。

我們只要依據圖2，觀察圖1，即可掌握歐幾里得如何證明第二卷第七題。其實，在歐氏證明中，圖2中的平行四邊形被特殊化為正方形。如特殊化為長方形，則第一卷第四十三題當然也會成立。而這正是古代中國人進行句股測量所熟悉的方法之一，何以梅文鼎竟然不計於此，實在令人不解。

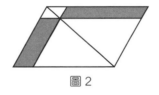

圖2

或許梅文鼎總是刻意連結到句股形吧。參考圖3，我們遵循梅文鼎的「解」之步驟。首先，他將相當於歐幾里得命題的 $(a+b)^2 + a^2 = 2(a+b)a + b^2$ 解讀如下：

甲乙股冪，子戊句冪，併之，成癸寅弦冪。弦冪內有戊甲股，戊癸句，相乘長方形二，及句股較乙丙上方。

針對上述所提及的名詞，梅文鼎都與歐幾里得之命題中名詞作了對照，因此，我們可以遵循他的「翻譯」，而進一步埋解他的「何以明之」：

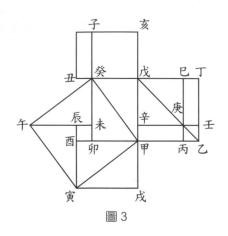

圖3

曰：試於戊癸線引長至丑，令丑癸如巳丁較（即乙丙）。遂作子丑小長方（與丁庚等），以益亥癸，成亥丑長方（與丁辛等，亦與巳甲等）。次於癸寅內，作甲酉、寅辰、午未、癸卯四線，皆與甲乙股等。自然有甲卯、寅酉、午辰、癸未四線，皆與戊癸句等。又自有未卯、卯酉等句股較，與乙丙較等，即顯弦冪內有句股形四，較冪一也。

試於弦冪內，移午辰寅句股，補癸戊甲之位，成戊卯長方（與巳甲等）；又移癸未午句股，補甲戊寅之位，成戊酉長方（與亥丑等）。而較冪未酉小方元與壬丙等。又子丑小長方元與丁庚等。

合而觀之，豈非丁甲股冪及子戊句冪併，即與巳甲亥丑兩長方及壬丙小方等積乎？

　　簡單地說，梅文鼎的「繁複」解說，是他想利用句股定理（中國版的畢氏定理）與弦圖，以及中國傳統的割切移補所造成的。他將 $(a+b)^2 + a^2$ 解讀為一個句股形（直角三角形）的句冪（句的平方）與股冪（股的平方）的相「併」，根據句股定理，這個「併」等於這一句股形的弦冪（弦的平方），再根據「弦圖」（出自《周髀算經》，趙爽注）的內容（含四個句股形與一個句股較冪），證明後者相當於 $2(a+b)a+b^2$。

　　請注意在上「解」中，梅文鼎的句冪相當於 a^2，股冪相當於 $(a+b)^2$，因此在他的解說中，他將股冪分解成為一個句冪、兩個長方（兩邊分別是句 a 與句股較 b）與一個句股較冪 b^2，再將一個長方補到句冪上。如此一來，句冪與股冪併，就會等於一個「矩形」（亦即曲尺形，在中國古代非指長方形），而後者也就等於兩個長方與一個句股較冪的和（亦即 $2(a+b)a+b^2$）了。

　　如前述，《幾何通解》中的第三題「解幾何二卷第八題」，是針對《幾何原本》的第二卷第八題：

> 如果任意兩分一個線段，則用原線段和一個小線段構成的長方形的四倍與另一個小線段上的正方形的和，等於原線段與前一小線段的和上的正方形。

當數學遇見文化

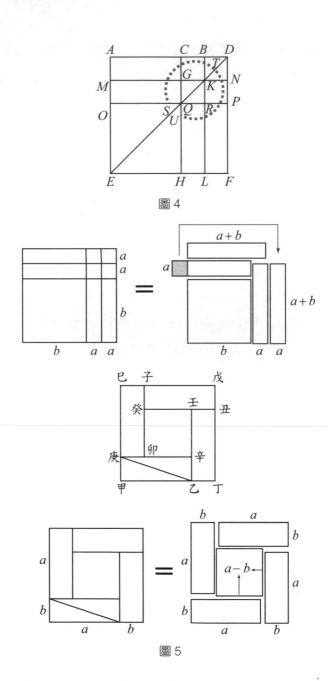

圖 4

圖 5

168

如運用現代代數符號翻譯此一命題，則其形式如下：

$$4(a+b)a+b^2=(2a+b)^2$$

其中此一原線段的長為 $a+b$。限於篇幅，我們不打算在此詳細討論梅文鼎的解說。不過，我們相信參考歐幾里得的原附圖（圖4），以及梅文鼎的附圖（圖5），我們一定可以理解何以梅文鼎的「解說」，的確簡化了歐幾里得的「證明」了。

四、結論

法國數學史家馬若安（Jean-Claude Martzloff）評論梅文鼎的進路時，曾指出：「對原著的改寫不僅涉及論證，還包括幾何圖形，像梅文鼎這樣的一流數學家，就曾盡力將幾何圖形從其所附屬的論證中分離出來。於是，為使相應的原理更直觀，他們便會重新畫圖。若視其為『演示法』（monstrations），則通過明確的圖形表示，論證的實質已發生了變化。」此處 monstration 應該與 demonstration 一字有關，它出自數學史家查堡（Arpad Szabo），意指為了直觀地呈現某些命題的真實性所採用的演示方法，其特色就是避免訴諸繁瑣的推理程序。

馬若安進一步對比歐幾里得和梅文鼎，提出了發人深省的歷史洞識：

在歐氏原著中，其命題的實質是難以脫離相伴其中
的無可置疑的邏輯過程的，而對梅氏來說，對給定命
題的理解則主要依賴相關圖形的特殊畫法，而不是
演繹推理。

其實，梅文鼎的認知顯然出自「幾何即句股」的考
量，在進行《幾何通解》時，他堅持依據中國固有的「弦
圖」，也不見得那麼一無所得。正如前文所說，他針對《幾
何原本》第二卷第七命題的圖形重構解讀，固然失之「繁
瑣」，不過，類似的進路，卻引導他有機會提供遠較於歐
幾里得簡易的圖示 (graphical illustration)。如果我們再從
一個漂亮證明必須滿足的「說明」(explanation) 功能來
說，那麼，梅文鼎的「解」，對於現實教學的啟發就不無
意義了。

另一方面，在 17 世紀中西數學交會的知識演化歷程
中，我們從意識型態如「幾何即句股」切入，不僅可以
體會異文化的衝突與肆應，同時，我們也得以在西方主
流數學的映照下，欣賞像梅文鼎這樣的數學家相當獨特
的認知與進路。

總之，研讀數學史的最大收穫，往往不是如何記取
所謂的「教訓」或「殷鑑」，而是如何貼近歷史情境，豐
富我們的數學想法與作法！

◇參考文獻

1. 孔國平 (1999)，〈會通中西的天算家梅文鼎〉，收入吳文俊主編，《中國數學史大系》第 7 卷，北京：北京師範大學出版社，頁 139–177。

2. 梅文鼎 (1993)，《幾何通解》，收入郭書春主編，《中國科學技術典籍通彙》數學卷第 4 分冊，鄭州：河南教育出版社。

3. 梅文鼎 (1993)，《勾股舉隅》，收入郭書春主編，《中國科學技術典籍通匯》數學卷第 4 分冊，鄭州：河南教育出版社。

4. 馬若安 (Jean-Claude Martzloff)，〈17、18 世紀中國天文學與數理天文學著作中的時空觀〉，收入《法國漢學》叢書編輯委員會編，《法國漢學》第 6 輯(科技史專號)，北京：中華書局，頁 448–474。

5. 黃清揚 (2002)，〈《句股舉隅》、《幾何通解》文本研讀內容摘要〉，《HPM 通訊》第 5 卷第 8/9 期。

6. 劉鈍 (1990)，〈梅文鼎在幾何學領域中的若干貢獻〉，收入梅榮照主編，《明清數學史論集》，南京：江蘇教育出版社，頁 182–218。

遺題承繼，串起中日代數史

蘇意雯

一、和算的誕生與演進

「遺題承繼」促進和算（日本本土數學）發展，是日本數學史上不可或缺的插曲。

日本數學的演進，可分為三個時期：

1. 飛鳥奈良朝到江戶時代初期（約 8 世紀到 17 世紀初）之間，稱為中國數學攝取（按：即向中國數學學習）時代。此時的日本，主要是傳承中國漢魏、六朝時代的數學成就。

2. 從延寶天和到寶曆初（17 世紀中後葉至 18 世紀中葉）約 100 年的時間，是為日本數學的創建時代。這時候日本算家吸收了元明時期的中國算學，加以創新，同時關孝和（1642–1708）的出現，意謂著「和算」的誕生。

3. 寶曆後至明治維新（1868），為日本數學發展普及時代。此時由關孝和創始的和算，整理工作陸續完成，

和算普及於日本各地，並蔚為風潮。

　　但是，到了明治 5 年 (1872)，由於西風東漸，為了學習西洋的船堅砲利，日本政府發布近代學制，宣布廢止和算，改習洋學，和算從此漸為西洋數學所取代。

　　那麼，什麼是「遺題承繼」？形成的背景為何？又是如何影響了日本數學的發展呢？

二、遺題承繼與關孝和

　　所謂「遺題承繼」，是指和算家在撰寫的算書卷末，提出一些數學難題，供讀者繼續研究發展。一旦他們的弟子、門人、或其他讀者解決了這些難題之後，一般都要撰著難題解答之書，並在卷末深入揭示問題的意義，且進一步提出難度更高的問題，讓有心人士研究解決，從而引出更深入的研究。和算家便將數學難題如此「承繼」下去，一代接著一代的挑戰，讓數學的種子得以開花結果。日本的大數學家關孝和不僅為和算奠下了基礎，還開創了日本數學的新紀元。

　　關孝和出生於上野國藤岡的一個武士家庭，他是四代將軍德川家綱的家臣，領有三百石的俸祿。關孝和自幼便展露了在計算上的才華，在他 6 歲時，由於指出大人布算的失誤，眾人皆稱他為神童。一開始他受業於高原吉種，後來關孝和傑出的才能日益顯露，天文律曆

莫不精通，高於同儕，並靠著自學而成為著名的數學解題者。

　　關孝和對於 17 世紀後期日本的數學發展的最大貢獻，莫過於創立了類似 16 世紀末法國韋達所創的符號代數學派。這門數學藝術，是關孝和改良中國的代數天元術而來。原來，中國宋元時期的數學家，不僅創造了增乘開方法（即今日的霍納法），用來計算高次方程式的數值解，也創造了天元術。「天元」指的就是問題中的未知數，「立天元為某某」即為「設 x 為某某」的意思。用天元術來表示多項式或方程式，常常是在一次項旁記一個「元」字，或在常數項旁記一「太」字。中國的算書中，和天元術相關的著作，流傳至今的有元代李冶的《測圓海鏡》以及朱世傑的《算學啟蒙》和《四元玉鑑》。

　　然則，關孝和是如何得知中國的天元術，並加以改進呢？這就要從《算學啟蒙》如何傳入日本說起了。事實上，天元術是藉由《算學啟蒙》重印本的發行而傳入了日本。《算學啟蒙》成書於 1299 年，日本數學家久田玄哲率先在 1658 年發行日本版。1671 年，澤口一之出版的《古今算法記》，是目前已知第一本正確瞭解和操作天元術的日文書籍。更重要的是，澤口一之在書末留下了十五題未解的數學問題，而選列這十五題的標準之一，

是因為它們無法以天元術的方法求解。

這給了關孝和絕佳的表現機會，他在 1675 年初出版的《發微算法》中，就解決了所有的問題。這本小冊子，是關孝和有生之年出版的唯一著作，但是他只針對那些問題提供了簡要的解答，並沒有列出詳細的解題過程。不過在中國數學的傳統中，這樣的解題形式卻相當常見。

後來，關孝和的傳人建部賢弘 (1664–1739) 在 1685 年出版了《發微算法演段諺解》，提供了詳細的註解，因此關孝和的改良代數才首度為人所知。關孝和的代數，源自中國天元術的改良，運用文字符號表示未知數，並推廣此種方法至數個未知數的過程，進而形成了一個代數的新系統。尤有進者，關孝和的代數是一個用書寫形式的計算形式，比起中國天元術更近於符號代數，這也就是為什麼有人把關孝和及其學派的代數類比為韋達符號代數的原因。這種方法，關孝和原來稱之為「傍書法」，後來，松永良弼又改稱為「點竄術」(意即以符號表示和消去的技術)。

三、從遺題賞析一窺關流代數

本文的例題取自建部賢弘的《發微算法演段諺解》（圖 1），他以《古今算法記》的遺題為例，詳細說明其解法。

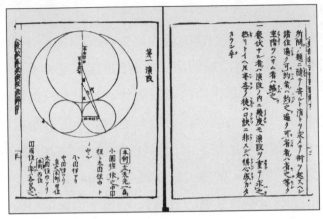

圖1

《發微算法演段諺解》之一頁，此書對《古今算法記》的遺
題提出詳細的解題過程（© 出自《發微算法演段諺解》，建
部賢弘著）

《古今算法記》的「好問」第一問如下：

> 今有平圓內如圖平圓空三個，外餘寸平積百二十步。
>
> 只云從中圓徑寸而小圓徑寸者短五寸，問大中小圓
>
> 徑幾何？

我們用現代數學的詞彙來重述這個問題，並解釋作
法如下：

問題：一大圓內切一中圓和兩小圓，而中圓和兩小圓又分
別外切。已知大圓面積減去中圓及兩小圓的面積後，還
餘 120 平方寸，而且小圓直徑比中圓直徑短 5 寸，求大、
中、小三圓的直徑。

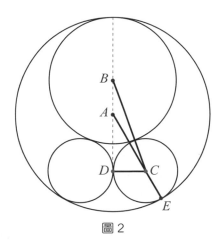

圖2

解法：根據題目，先令大圓圓心為 A，中圓圓心為 B，小圓圓心為 C，兩小圓外切之點為 D，小圓與大圓內切之點為 E（圖 2）。再設小圓直徑為 x，則中圓直徑為 $x+5$。又設大圓直徑為 y，則

$$\overline{AC} = \overline{AE} - \overline{EC} = \frac{y}{2} - \frac{x}{2}, \; 2\overline{AC} = y - x$$

又 $\overline{AD}^2 = \overline{AC}^2 - \overline{DC}^2$，則代入可得

$$4\overline{AD}^2 = 4\overline{AC}^2 - 4\overline{DC}^2$$
$$= (y - x)^2 - 4 \times (\frac{x}{2})^2 = y^2 - 2xy$$

若中圓之直徑 $z\,(=x+5)$，則 $2\overline{AB} = y - z$，因此

$$4\overline{AB}^2 = y^2 - 2zy + z^2$$

另外，由 $\overline{BC} = \frac{z}{2} + \frac{x}{2}$ 可得 $2\overline{BC} = z + x$，因此

$$4\overline{BC}^2 = z^2 + 2xz + x^2$$

又 $\overline{CD} = \dfrac{x}{2}$，故

$$4(\overline{AB} + \overline{AD})^2 = 4\overline{BC}^2 - 4\overline{CD}^2 = z^2 + 2xz$$

$$4\overline{AB}^2 + 8\overline{AB} \cdot \overline{AD} + 4\overline{AD}^2 = z^2 + 2xz$$

把上面得到的 $4\overline{AB}^2, 4\overline{AD}^2$ 的值代入，$4\overline{AB} \cdot \overline{AD} = -y^2 + (x+z)y + xz$，自乘後得

$$16\overline{AB}^2 \cdot \overline{AD}^2$$
$$= y^4 - 2(x+z)y^3 + (z^2 + x^2)y^2 + 2(xz^2 + x^2z)y$$
$$\quad + x^2z^2 \cdots \text{①}$$

接著，從上面 $4\overline{AB}^2, 4\overline{AD}^2$ 的值可得

$$16\overline{AB}^2 \cdot \overline{AD}^2$$
$$= (y^2 - 2zy + z^2)(y^2 - 2xy)$$
$$= y^4 - 2(z+x)y^3 + (z^2 + 4xz)y^2 - 2xz^2y \cdots \text{②}$$

① = ②，因此得 $(x^2 - 4xz)y^2 + (4xz^2 + 2x^2z)y + x^2z^2 = 0$

同除以 x，得 $(x - 4z)y^2 + (4z^2 + 2xz)y + xz^2 = 0$ 即

$(4z^2 + 2xz)y = (4z - x)y^2 - xz^2$ 兩邊平方得

$$(4z^2 + 2xz)^2y^2 = \{(4z - x)y^2 - xz^2\}^2 \cdots \text{③}$$

由三圓的面積關係，得

$$(\dfrac{z}{2})^2\pi + 2(\dfrac{x}{2})^2\pi + 120 = (\dfrac{y}{2})^2\pi$$

$$y^2 = z^2 + 2x^2 + \dfrac{480}{\pi}$$

再將 $z = x + 5 \cdots$ ④代入，得

$$y^2 = 3x^2 + 10x + 25 + \frac{480}{\pi} \cdots ⑤$$

由③、④、⑤得

$$(6x^2 + 50x + 100)^2(3x^2 + 10x + 25 + \frac{480}{\pi})$$

$$= \{8x^3 + 80x^2 + (250 + \frac{1440}{\pi})x + (500 + \frac{9600}{\pi})\}^2$$

整理後可得一個 x 的六次方程式，解出此六次方程式即得小圓之直徑，進而得到其他的答案。

四、中日算學的交流與結晶

　　談到關孝和，就不得不提及《算學啟蒙》。《算學啟蒙》是宋元時期的數學家朱世傑所著。全書共分上、中、下三卷，凡二十門，二百五十九問。內容包含四則運算、開方、天元術以及垛積等數學內容。此外，此書編寫風格由淺入深，包羅無遺，形成了一個完整的初等數學體系，既為實際應用提供了工具，也為數學深造者開闢了蹊徑，是一部很好的啟蒙讀物。因此，祖頤稱《算學啟蒙》與《四元玉鑑》相為表裡：「此書首列乘除布算諸例，始於超徑等接之術，終於天元。如積開方，由淺近以至通變，循序而進，其理易見。名曰《啟蒙》，實則為《玉鑑》立術之根。」在《算學啟蒙》卷下第五「開方釋鎖門」中，朱世傑系統講解了利用天元術來解決各種問題的算法。

可惜，許多中國宋元時期重要的數學發展成果並沒能維持，反而迅速地衰落。至西元 15 世紀，明朝的數學家對天元術、四元術幾乎已全然無法理解；在整個明朝以至清初數百年間，這些學問幾乎成了絕學。導致此種現象的原因很多，其中相當主要的，是這種發展脫離了當時的社會需要。以天元術為例，當時鮮少被應用於生產實踐上。考察當時的社會經濟需求，需要求解四次或四次以上的高次方程問題，都不是從實際生活中產生出來的。此類數學既脫離了社會的需要，內容又艱深不易瞭解，自然構成了這些學問失傳的主因。

此外，當時明朝商業貿易的快速發展，在數學上需要日益繁複的初等算術計算，有大量加減乘除的計算問題，需要更快速更方便的計算工具。在此種狀況下，中國古代特有的計算——籌算，就是利用一些小竹棍（當時稱為「算籌」）擺成不同形式來表示不同的數目，並進行各種計算的方法，已然不敷使用，因此，一種新的計算工具——算盤於焉產生。也由於如此，雖然《算學啟蒙》成書之後不久，在中國本土可能已經相當罕見，如明初的《永樂大典》也未收集此書；但本書卻流傳到朝鮮、日本，並產生了重大的影響。

《算學啟蒙》對日本算學的影響已如前文所述；在朝鮮的李朝，《算學啟蒙》更是教材和選拔算官的基本參考

書籍，「啟蒙算」亦為當時明訂的算學考試科目之一，李朝世宗還曾於 1430 年向當時副提學鄭麟趾學習此書。《算學啟蒙》在朝鮮已知的刻本，有 1433 年慶州府刻本以及 1660 年金始振重刻本。後來，清中葉的羅士琳請人從北京琉璃廠書肆中，訪獲金始振重刻本，詳加校勘後於 1839 年在揚州刊行，這本書才又重新在中國問世。

現在，我們回來說明關孝和的著作。在日本，由於遺題承繼於和算中形成風尚，使得和算逐漸超越了實用的領域，而邁向高深數學的研究。再加上當時第四代將軍德川家綱推行文治主義，關孝和躬逢其盛，此後的六十餘年間，在智識上蓬勃發展，文化上也有顯著的進步。江戶時代一石的俸祿值約一兩，相當於今日的十二萬日圓，關孝和有近似於今日三千六百萬日圓的俸祿，可說是位階不低。經他登高一呼，便逐漸形成了所謂的關流學派，除了關孝和本身，他的門人中也是人才輩出，再加上其他流派的努力，共同創造出日本數學的黃金時代。關孝和的主要思想，在他的逝世 200 年週年紀念時由東京數學物理學會出版的《關流算法七部書》中可見其大要。此書內容大要如下：

關孝和在世時，收了不少弟子，他的門徒於這些授課的內容中，依其對珠算法、算籌法、演段法到點竄術等課業的嫻熟程度，分別被授與五階段的證書（即「免

許狀」），它們分別是：（一）見題免許；（二）隱題免許；（三）伏題免許；（四）別傳免許；（五）印可免許。由此可見，《關流算法七部書》的編排循序漸進，在每部書中，依其分類分別舉例說明。例如在「題術辨議」中，就分成三條。第一條是「病題」，然後，再細分病題為轉、虛、繁、變四類，在解釋這四類後，再依次各舉二例說明；接著，第二條為「邪術」，同樣可細分為重、滯、攀、戾四類，在解釋後，又再各舉二例來說明；最後一條是「權術」，權術亦分為塞、斷、殊、碎四類，再一次地於解釋後，各列了兩個例題。我們不難從以上的說明中，看到類似今日數學教科書的影子。

五、結語

行文至此，我們可以明白，在時間的長河中，中國的天元術傳到日本，由於遺題承繼的傳統，關孝和解決了前輩所留下來的難題，並進一步將天元術改良成點竄術，再加上當時幾位和算家的共同努力，開啟了日本和算的燦爛篇章。曾幾何時，在西洋數學的傳入與強勢主導下，不管是中國古算或日本和算，都被西方潮流所取代。不過，儘管盛況不再，但這些輝煌的數學成就，都是值得人類共享的珍貴文化資產，其歷史地位也將歷久而彌新。

◇參考文獻

1. 洪萬生 (1996)，〈數學史與代數學習〉，《科學月刊》第 27 卷第 7 期，頁 560–567。

2. 蘇意雯 (2000)，〈天元術 vs. 點竄術〉，《HPM 通訊》第 3 卷第 2/3 期，頁 2–6。

3. 日本學士院編 (1983)，《明治前日本數學史》，東京：岩波書店。

4. 東京數學物理學會 (1907)，《關流算法七部書》，東京：東京帝國大學理科大學。

5. 金容雲、金容局 (1978)，《韓國數學史》，東京：槙書店。

6. 城地茂 (1996)，〈和算的興亡〉（日文），《學習評價研究》(29)，頁 126–137。

17—20 世紀

探索日本寺廟的繪馬數學

蘇意雯

一、 前言

　　喜愛旅遊的讀者們如果去日本的寺廟參觀，相信一定不會對下方的圖片感到陌生，沒錯！那就是在日本寺廟中舉目可見的繪馬。但是您知道日本民眾在寺廟祈願的這種憑藉，除了繪畫精妙、色彩鮮豔，頗具民族特色之外，竟然也曾與日本的數學文化相關，甚至促進了「和

圖 1
日本太宰府天滿宮中祈求考試順利的繪馬

算」（日本本土數學）的發展嗎？

二、從繪馬說起

　　早期，日本人會獻上馬匹給神社或寺廟表示崇敬，
但由於馬隻昂貴難以擁有，逐漸地，他們就以畫有馬隻
的繪板代替。所畫的對象也逐漸由馬匹延伸到其他物件，
這就是現今所謂的「繪馬」（圖 2）。在繪馬的背面，可
以寫上祈求者的心願，以及他們的姓名和住所。圖 1 是
筆者旅遊九州的太宰府天滿宮所拍攝。太宰府天滿宮祀
奉在日本被尊為學問之神的菅原道真，類似於我們的孔
廟。因此，每逢考季，前往膜拜的考生絡繹不絕，祈求
考試順利，金榜題名。當然，這段時間所懸掛的繪馬，
多數的祈願內容也就與考試相關，不外是考生寫上心目
中所嚮往的理想學校，希望能順利高中等等。

圖 2
現今之繪馬

那麼,如此用來祈福的繪馬到底與數學有何關連呢?

三、 和算家的酬神匾額

無庸置疑的,「算」字有計算、數學的意含。至於所謂的「額」,指的就是木製的書板。江戶時代 (1603–1867) 的日本人信仰虔誠,他們會設計各種式樣的匾額到鄰近的寺廟或神社酬神。如果是把數學問題和答案用漢字書寫在板上,這種還願的書板就叫做算額。因此,算額可以說就是數學風貌的繪馬;換句話說,和算家不在木製的書板上畫上馬匹酬神,而是另外以一種數學的形式來呈現。

事實上,奉納算額的意義有三種:一是感謝神佛的恩賜,另外,也表示對和算教師的尊崇,最後一種則是展示研究的成果。因為神社和寺廟,是當時人們交流的一個最佳場所。在此,算額可以有很高的能見度,也能引起有志之士的討論和共鳴。

在算額上所書寫的數學知識,幾何問題多於代數問題,至於為何會有這樣不同的呈現風貌,主要是因為幾何問題包含了美麗的圓形或多邊形,而顯得更有吸引力。至於典型的算額問題,則是求邊長或者圓的直徑,其中當然也包含了直線、三角形、內切圓和圓周長等問題。

隨著和算家對數學研究的進展,算額上的題目也越來越難,甚至牽涉到球、橢圓、微分、積分等相關問題。

每一塊算額包括一到十幾個不等的問題，除了大部分的幾何問題外，也會有少數的代數問題牽涉其中。這些代數問題的素材涵蓋了珠算、人物、動物或測量等等。在整塊算額的配置上，通常上方是彩色的圓或三角形等幾何圖形，接下來是題目、答案及解法的部分。位於下方的則是流派、教師、展示者的名稱及奉獻的日期。

四、算額走入教學文本

奉納算額的高峰期是 19 世紀，到了明治維新時代就逐漸式微。因為就在當時，日本的教育體系決定教授西方數學，和算於是走進歷史，奉納的算額也就逐年銳減。不過，有些地區到 20 世紀初期，仍維持這項傳統。奉納算額的年代及其數量可參考表 1，其中尚有 188 片算額的年代不明：

年代	算額數量
17 世紀晚期	8
18 世紀早期	33
18 世紀晚期	284
19 世紀早期	1184
19 世紀晚期	795
20 世紀	133
不明年代	188

表 1
奉獻算額的年代與數量

根據 Eiichi Itō 等人在 2003 年的統計，總計這段時期於日本總共呈獻了 2625 塊算額，但由於火災、氣候、損毀或遺失等因素，時至今日僅存八百餘片。以奉獻數量最多的東京而言，本來有 385 片，但現存不過 17 片。雖然有關算額最早的紀錄可回溯至 1657 年，但是目前日本僅存的最古老算額是源於 1683 年。

前文提及，算額奉納是促使日本和算發展的重要元素。早期日本的寺廟及神社兼有教化的功能，因此，和算家常把算題放在寺廟裡，呈現研究的成果，也供有心人士演練。

另外，學習和算的師生們也會藉由算額指出其他流派的錯誤，並提供更正確、更簡易的解答。這種奉納算額的作法，曾引起各學派的競技。依據《賽祠神算》(1830)記載，關孝和學派（即關流）第五代傳人石田玄圭的門人大澤熊吉在天滿宮（今日桐生市天神町一丁目）提供了一則算題；同年的 10 月，最上流的大川榮信也在此地獻上算題。有趣的是，後者的題目與前者雷同，但解法則較前者有所改進。於是，關流和最上流的論戰就此展開。

五、算額幾何賞析

以下，我們選取長野縣天然寺中的一個算額與大家分享（圖 3）。

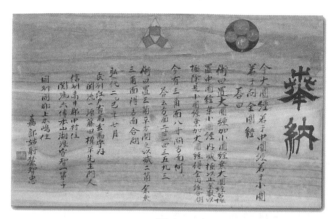

圖 3

長野縣天然寺的算額 (©Hiroshi Kotera)

這個題目的原文如下所述：

今有三角，面八寸，問方面何？

答云：方面二寸一四三五九三。

術曰：置三個平方開之以減二個，餘乘三角面，得方

面，合問。

我們利用現代數學術語翻譯、並解釋作法如下：

問題：現在有一個正三角形，邊長八寸，（內接三個

正方形如圖所示）問正方形邊長為何？

答案：正方形邊長為二寸一四三五九三。

解法：把三開平方，用二減前述結果，所得之餘數乘

以三角形邊長，就可得到正方形邊長，合於題目所求。

　　如果用現代的數學符號，上述解法可表示為正方形邊長 $=(2-\sqrt{3})\times$ 三角形邊長。在題目中所提及的「面」，就是邊長的意思。為何以「面」表邊長呢？這得回溯至中國的「開方術」。

　　《九章算術》的第四章名為〈少廣〉，古人規定一畝之田，寬為 1 步，長為 240 步，所以，〈少廣〉之本術，是在田積一畝固定不變之下，考察田寬有小量的增長時，相應田長之值如何變化的問題。現在，如果田地形狀為正方形，則求其邊長，就變成為開平方根的問題了。

　　事實上，在〈少廣〉這一章中就有段關於「開方術」的敘述：

> 置積為實。借一算步之，超一等。議所得，以一乘所借一算為法，而以除。除已，倍法為定法。其復除，折法而下。復置借算步之如初，以復議一乘之，所得副，以加定法，以除。以所得副從定法。復除折下如前。若開之不盡者為不可開，當以面命之。若實有分者，通分內子為定實。乃開之，訖，開其母報除。若母不可開者，又以母乘定實，乃開之，訖，令如母而一。

這段話主要是描述開平方的方法。簡單的說，開方的目的是求以 n 為面積的正方形的邊長（即其面）；若 n 不是平方數，只好稱這條邊長做「n 之面」，這就是「以面命

之」的本意。但有學者認為，如果 n 是平方數，它的「面」就是一個正整數，我們仍然可稱其為「n 之面」。

現在，我們回來說明上述解法。如圖 4 所示，首先設正方形邊長為 x，因為 $360° - 60° - 90° - 90° = 120°$，又 $\overline{DE} = \overline{DF}$，則 $\triangle DEF$ 為一頂角為 $120°$ 的等腰三角形，我們可視 $\triangle DEF$ 為兩個 $30°$–$60°$–$90°$ 的直角三角形。因為對於一個 $30°$–$60°$–$90°$ 的直角三角形而言，$60°$ 角所對的邊長是斜邊邊長的 $\sqrt{3}/2$，

$$2 \times \frac{\sqrt{3}}{2}x = \sqrt{3}x$$

因此，$\overline{EF} = \sqrt{3}x$。又 $\triangle GBE$ 和 $\triangle HFC$ 皆為正三角形，於是 $\overline{BE} = \overline{CF} = x$。另外，$\overline{BC} = \overline{BE} + \overline{EF} + \overline{FC}$，所以，$8 = x + \sqrt{3}x + x = 2x + \sqrt{3}x$。因為 $(2 + \sqrt{3})x = 8$，所以

$$x = \frac{8}{(2 + \sqrt{3})} = \frac{8(2 - \sqrt{3})}{(2 + \sqrt{3})(2 - \sqrt{3})} = 8(2 - \sqrt{3})$$

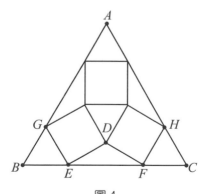

圖 4
算額今解

六、結語

　　算額的誕生及發展是和算所孕育出的豐碩成果，時至今日，這些曾經色彩斑斕的算額，也已經對於當時日本和算的發揚，完成階段性任務而走進歷史了。現在，只賴有心的人士加以保存和研究。

◇參考文獻

1. 大山誠 (1998)，〈桐生市天滿宮の算額題について〉，《日本數學教育學會誌》第 80 卷第 7 期，頁 20–23。

2. 李國偉 (1994)，〈《九章算術》與不可公度量〉，《自然辯證法通訊》第 16 卷第 2 期，頁 49–54。

3. 洪萬生 (2002)，〈中日韓數學文化交流的歷史問題〉，收入王玉豐主編，《科技、醫療與社會學術研討會論文集》，高雄：國立科學工藝博物館，頁 61–70。

4. 蘇意雯 (1999)，〈日本寺廟內的算學挑戰〉，《HPM 通訊》第 2 卷第 8/9 期，頁 13–18。

5. 蘇意雯 (2000)，〈天元術 vs. 點竄術〉，《HPM 通訊》第 3 卷第 2/3 期，頁 2–6。

6. Itō, E., & Kobayashi, H., & Nakamura, N., & Nomura, E., & Kitahara, I., & Yanagisawa, R., & Tanaka, H., & Ōtani, K., & Sekiguchi, T. (2003), *Japanese Temple Mathematical Problems in Nagano Pref*, Japan, Nagano: Kyōikushokan.

人名索引

名詞索引

世紀文庫

【科普 001】

生活無處不科學　　　　潘震澤　著

科學應該是受過教育者的一般素養，而不是某些人專屬的學問；在日常生活中，科學可以是「無所不在，處處都在」的！且看作者如何以其所學，介紹並解釋一般人耳熟能詳的呼吸、進食、生物時鐘、體重控制、糖尿病……等名詞，以及科學家的愛恨情仇，你會發現——生活無處不科學！

【科普 002】

別讓地球再挨撞　　　　李傑信　著

這是一本上至天文，下至人文的書。包括航太科技發展、科技實驗研究的管理制度和最尖端的科學探索，作者以在美國航太總署 (NASA) 總部管理科技研究的經驗，分享他長期深入其境的專業實踐和體會，使得書中所談論的天文知識或尖端科技都保留了人的體溫，更讓你一窺浩瀚宇宙中的瑰麗與神奇。

國家圖書館出版品預行編目資料

當數學遇見文化 / 洪萬生,英家銘,蘇意雯,蘇惠玉,楊
瓊茹,劉柏宏著.－－初版六刷.－－臺北市:三民,
2018
面; 公分.－－(世紀文庫:科普005)
含索引
ISBN 978-957-14-5129-9 (平裝)

1.數學 2.歷史 3.通俗作品

310.9   97022958

© 當數學遇見文化

著　作　人	洪萬生　英家銘　蘇意雯
	蘇惠玉　楊瓊茹　劉柏宏
發　行　人	劉振強
發　行　所	三民書局股份有限公司
	地址　臺北市復興北路386號
	電話　(02)25006600
	郵撥帳號　0009998-5
門　市　部	(復北店)臺北市復興北路386號
	(重南店)臺北市重慶南路一段61號
出版日期	初版一刷　2009年1月
	初版六刷　2018年3月
編　　　號	S 300160

行政院新聞局登記證局版臺業字第○二○○號

有著作權‧不准侵害

ISBN　978-957-14-5129-9　(平裝)

http://www.sanmin.com.tw　三民網路書店
※本書如有缺頁、破損或裝訂錯誤,請寄回本公司更換。